广州市科学技术协会、广州市南山自然科学学术
交流基金会、广州市合力科普基金会资助出版

广东省能源碳排放
时空格局演变及低碳转型

王文秀　赵黛青　王文军◎著

版权所有　翻印必究

图书在版编目（CIP）数据

广东省能源碳排放时空格局演变及低碳转型/王文秀，赵黛青，王文军著.—广州：中山大学出版社，2019.11

ISBN 978-7-306-06551-3

Ⅰ.①广⋯　Ⅱ.①王⋯ ②赵⋯ ③王⋯　Ⅲ.①二氧化碳—排气—研究—广东　Ⅳ.①X511

中国版本图书馆 CIP 数据核字（2018）第 300600 号

出 版 人：王天琪
策划编辑：曾育林
责任编辑：曾育林
封面设计：曾　斌
责任校对：马霄行
责任技编：何雅涛
出版发行：中山大学出版社
电　　话：编辑部 020-84111996，84113349，84111997，84110779
　　　　　发行部 020-84111998，84111981，84111160
地　　址：广州市新港西路 135 号
邮　　编：510275　传　真：020-84036565
网　　址：http://www.zsup.com.cn　E-mail：zdcbs@mail.sysu.edu.cn
印 刷 者：广州市友盛彩印有限公司
规　　格：787mm×1092mm　1/16　10.875 印张　260 千字
版次印次：2019 年 11 月第 1 版　2019 年 11 月第 1 次印刷
定　　价：40.00 元

如发现本书因印装质量影响阅读，请与出版社发行部联系调换

前　言

碳排放核算、碳排放时空演变规律、影响因素及影响机制研究是应对气候变化的重要课题之一。随着应对气候变化问题日趋国际化和政治化，如何协调发展和减排的关系是作为快速发展且对能源需求量巨大的发展中国家必须面临的重大难题。中国继2009年主动提出到2020年二氧化碳排放强度比2005年下降40%～45%之后，2015年再次承诺到2030年将下降60%～65%。国家将碳强度指标分解到各个省，各省再将指标分解到各个地级市，全国各地掀起了低碳转型、发展低碳经济的热潮。然而，各地在具体实施碳减排的过程中，碳减排整体效率不高、完成度不好的被动局面逐渐显现。造成这种局面的一个很重要的原因在于目前对碳减排指标的分解还不够精细，对各地碳排放客观事实的描述不够精确。我国经济、人文地理、自然资源空间分布均存在显著差异，各地经济发展需要的能源碳排放空间和可以实现的碳减排能力也存在差异。高效碳减排方案和政策制定的关键在于找到碳排放的关键行业、关键影响因素以及高碳排放关键地区的精确位置。因此，需要我们回归到理论指导实践的第一步，即对地区能源消费及其碳排放核算，碳排放时空格局演变及其影响因素、影响机制进行全方位的深入分析和探讨。

广东省作为我国经济、人口和能源消费大省，同时也是地区差异最显著的省份之一，身负各方压力：一是能源消费量大，能源自给率低。1995—2016年，能源消费总量占全国总量的比例逐年提高，2016年达到7.17%；二是能源自给率总体呈下降趋势，2005年以来，自给率一度下降到20%以下，存在极大的能源安全隐患；三是地处中国东南部，距离能源供给地远，能源运输成本高，致使能源价格偏高，产业和生活用能成本也偏高；四是肩负最重碳减排任务和低碳省建设"先行先试"的重任。对广东省来说，节能减排不仅是国家的要求，更是自身的需求。因此，对广东省能源碳排放时空格局演变特征及形成机制进行深入研究，为低碳转型提供理论参考依据成为广东省的重要任务之一。

广东省低碳转型要从"高度、角度、尺度、力度"四个维度高效协调统一。高度是指站在全省的高度设定合理的节能减排总体目标；角度是指找到节能减排的关键因素、关键行业和关键区域，才能开展针对性的节能减排，实现区域低碳发展；尺度是指从宏观、中观和微观开展不同尺度的研究，才能了解全局和局域特征；力度是指根据前面三种维度的综合研究结果对各地区节能减排的政策措施进行不同力度的实施操作，各地三维不同，低碳发展的着力点也不同。其中，高度这一维度全省已经给出明确定位，即实现能源消费总量和消费强度"双控"目标，从不同角度和不同尺度开展碳排放研究是本书的主要内容，政策实施力度是本书在理论研究的基础上提出的低碳转型的差异化节能减排政策建议。

鉴于此，本书基于KAYA恒等式和Tapio脱钩模型的构建原理，扩展构建了能源碳排放影响因素量化分解模型、经济增长与碳排放脱钩的量化分解模型；集成构建了经济增长与碳排放脱钩的影响因素量化分解模型、人均GDP与碳生产率追赶脱钩模型等适应不同空间尺度、不同数据需求的碳排放时空演变及其形成机制的一系列分析模型。通过这些模型，分别对广东省能源碳排放时空差异的影响因素、经济增长与碳排放脱钩的影响因素、人均GDP与碳生产率追赶脱钩、碳排放的空间集聚与异质性等进行了深入详细的分析，得到了较系统的研究结论。

本书希望通过系统梳理1995年以来广东省能源消费及其碳排放时空演变过程及趋势，从多尺度、多维度探明碳排放时空差异的影响因素及影响机制，为广东省节能减排、低碳转型的路径选择、区域协调发展等提供理论依据，为国家和其他高耗能省市的低碳经济发展提供经验借鉴。本书适用于环境科学、地球科学、能源战略与低碳发展等学科领域的科研工作者、战略研究者和政策制定者。

本书是在著者博士报告和博士后出站报告基础上延伸和深入而形成的完整体系。特别感谢能源战略与低碳发展研究室主任赵黛青研究员（著者的博士后导师）在研究内容总体框架构建和技术路线方面的指导。感谢中国科学院广州地球化学研究所的黄宁生研究员、匡耀求研究员和朱照宇研究员在科研总体思维、严谨科研态度的形成等方面的授惑与启迪。本书在研究过程中得到中国科学院广州能源研究所能源战略与低碳发展研究室、中国科学院广州地球化学研究所广东省可持续发展研究中心各位同事、老师和师兄弟姐妹的热情帮助和支持，在此一并感谢！感谢家人的体谅与支持，特别是我两岁多儿子的支持。多少个加班的周末，他希望妈妈可以陪陪他，但每次我说要加班写稿子，他就不舍但乖乖地跟我说拜拜了。都说科研的道路不好走，但有这么多良师益友的帮助和支持，我觉得我的科研道路虽然辛苦但很温馨。

目 录

第一章　绪论 ··· 1
 第一节　研究背景 ··· 1
  一、国际背景 ·· 1
  二、国内背景 ·· 5
 第二节　研究意义 ··· 7
 第三节　国内外研究进展 ·· 8
  一、文献综述 ·· 8
  二、国内外研究综述 ··· 10
 第四节　研究目标、内容及整体框架 ·· 19
  一、研究目标 ·· 19
  二、研究内容及整体构架 ··· 20

第二章　广东省能源消费时空演变过程研究 ·· 22
 第一节　广东省能源自给率现状分析 ·· 22
 第二节　广东省能源进出口格局变化分析 ·· 23
 第三节　广东省能源消费结构变化分析 ·· 24
 第四节　广东省能源消费的产业结构变化分析 ·· 29
 第五节　广东省单位 GDP 能耗变化分析 ·· 32
 第六节　广东省能源消费空间分布格局演变分析 ···································· 33
  一、基于 21 个地级市的空间分布 ·· 33
  二、基于主体功能区的空间分布 ··· 34

第三章　广东省产业能源碳排放时序演变趋势 ·· 36
 第一节　广东省分产业能源碳排放核算 ·· 36
  一、分产业、分能源品种的能源碳排放核算方法 ······························· 36
  二、数据来源与处理 ··· 38
 第二节　广东省产业能源碳排放时序演变趋势研究 ································ 38
  一、产业能源碳排放总量变化 ··· 38
  二、产业能源碳排放结构变化 ··· 41
  三、火电生产能源碳排放变化 ··· 44

第四章 广东省产业能源碳排放影响因素分解实证研究 …… 47
第一节 方法简介 …… 47
一、Kaya 恒等式 …… 47
二、对数平均迪氏指数法（LMDI） …… 47
第二节 产业能源碳排放因素分解模型构建 …… 49
一、生产部门能源碳排放分解模型的构建 …… 49
二、生活部门能源碳排放分解模型 …… 51
三、数据来源与处理 …… 52
第三节 结果与讨论 …… 53
一、生产部门能源碳排放影响因素分解结果与讨论 …… 53
二、生活部门能源碳排放影响因素分解结果与讨论 …… 64
第四节 本章小结 …… 71

第五章 广东省产业能源碳排放与经济增长的脱钩关系实证研究 …… 73
第一节 能源碳排放与经济增长脱钩简介 …… 73
第二节 能源碳排放与经济增长脱钩的影响因素分解量化模型建立 …… 74
第三节 能源碳排放与经济增长的脱钩关系分析 …… 76
第四节 碳排放与经济增长脱钩的影响因素分解分析 …… 78
第五节 本章小结 …… 82

第六章 广东省能源碳排放空间格局演变趋势研究 …… 84
第一节 不同尺度能源碳排放核算 …… 84
一、21个地级市能源碳排放核算 …… 84
二、县域能源碳排放核算 …… 85
三、基于主体功能区的能源碳排放核算 …… 85
第二节 广东省能源碳排放空间分布格局及演变趋势研究 …… 85
一、全省平均碳排放系数 …… 86
二、能源碳排放总量空间分布格局及演变趋势 …… 86
三、人均碳排放量空间分布格局及演变趋势 …… 89
四、碳排放强度空间分布格局及演变趋势 …… 91
五、小结 …… 93
第三节 三类指标的空间匹配关系研究 …… 94
一、21个地级市的碳排放指标空间匹配关系 …… 94
二、区县的碳排放指标空间匹配关系 …… 96

第七章 能源碳排放与经济增长脱钩的空间差异性研究 …… 98
第一节 能源碳排放与经济增长脱钩核算方法 …… 98
第二节 碳排放与经济增长脱钩的空间差异性研究 …… 98

一、碳排放与经济增长逐年脱钩空间差异性研究 …………………………… 98
　　二、碳排放与经济增长累积脱钩空间差异性研究 …………………………… 102
　第三节　本章小结 ……………………………………………………………………… 107

第八章　人均GDP与碳生产率的空间追赶脱钩研究 ……………………………… 108
　第一节　方法与数据来源 ……………………………………………………………… 109
　　一、碳生产率核算方法 ………………………………………………………… 109
　　二、碳生产率与人均GDP的脱钩模型 ……………………………………… 109
　　三、碳生产率与人均GDP脱钩追赶模型的建立 …………………………… 110
　第二节　碳生产率与人均GDP的时空演变特征研究 ……………………………… 111
　　一、时序演变特征 ……………………………………………………………… 111
　　二、碳生产率和人均GDP空间格局演变特征 ……………………………… 113
　第三节　人均GDP和碳生产率追赶脱钩结果分析 ………………………………… 115

第九章　能源碳排放的空间计量经济学实证研究 ………………………………… 118
　第一节　空间计量经济学理论与方法简介 …………………………………………… 118
　　一、空间计量经济学的产生与发展 …………………………………………… 118
　　二、空间计量经济学重要理论 ………………………………………………… 119
　第二节　能源碳排放空间计量实证研究思路与数据处理 …………………………… 122
　　一、研究思路 …………………………………………………………………… 122
　　二、数据来源与处理 …………………………………………………………… 123
　第三节　21个地级市碳排放的空间自相关分析 …………………………………… 125
　　一、全局空间自相关分析 ……………………………………………………… 125
　　二、局域空间自相关分析 ……………………………………………………… 125
　第四节　区县能源碳排放空间自相关分析 …………………………………………… 134
　　一、全域空间自相关分析 ……………………………………………………… 134
　　二、局域空间自相关分析 ……………………………………………………… 135

第十章　广东省低碳转型的三大关键抓手 ………………………………………… 142
　第一节　关键行业、关键因素的碳减排 ……………………………………………… 142
　　一、碳排放时序演变规律及影响因素研究重点研究结论 …………………… 142
　　二、关键行业、关键因素的碳减排政策建议 ………………………………… 143
　第二节　关键地区差异化碳减排 ……………………………………………………… 147
　　一、能源碳排放空间差异化重点研究结论 …………………………………… 147
　　二、关键地区差异化碳减排政策建议 ………………………………………… 150
　第三节　地区间低碳经济追赶发展模式的形成 ……………………………………… 152
　　一、人均GDP与碳生产率的空间追赶脱钩研究结果 ……………………… 152
　　二、形成健康的地区间低碳经济追赶发展模式、促进区域协调发展 …… 153

参考文献 ……………………………………………………………………………… 154

第一章 绪 论

第一节 研 究 背 景

一、国际背景

1. 气候变化与人类活动有密切关系

全球变暖是国际社会公认的全球性环境问题,是人类面临的十大生态问题之首。工业革命以来,人类活动特别是化石燃料的燃烧使大气中 CO_2 为主的温室气体浓度不断上升,引发了以变暖为主要特征的全球气候变化,不仅严重影响了经济社会的可持续发展,而且日趋国际化和政治化,因而成为世界各国当今面临的最重大挑战之一。如何通过各方的共同努力,减缓和适应气候变化、保护环境成为国际社会关注的焦点问题。为应对全球气候变化,国际社会先后制定了《联合国气候变化框架公约》(United Nations Framework Convention on Climate Change,UNFCCC)和《京都议定书》,以及其他一系列气候变化相关的政治协议,采取各种措施应对气候变化。

联合国政府间气候变化专门委员会(Intergovernmental Panel on Climate Change,IPCC)是世界气象组织(World Meteorological Organization,WMO)及联合国环境规划署(United Nations Environment Programme,UNEP)于 1988 年联合建立的政府间机构。其主要任务是对气候变化现状,气候变化对社会、经济的潜在影响以及如何适应和减缓气候变化的可能对策进行评估。这些评估吸收了全球数百位专家的工作成果,比较全面、客观地反映了人类对全球气候变化的现有认识,成为全球应对气候变化决策最重要的科学基础。自成立以来,IPCC 于 1990 年、1995 年、2001 年、2007 年和 2013 年依次完成了 5 次评估报告,这些报告已成为国际社会认识和了解气候变化问题的主要科学依据。而第六次评估报告将于 2019 年完成发布。

IPCC 最近一次发布的第五次评估报告(2013),再一次全面回顾了全球气候变化的事实,指出全球气候变化是气候系统的变化,气候系统正在变暖是毋庸置疑的事实。自 1950 年以来,气候系统观测到的许多变化是过去几十年甚至千年以来史无前例的,1880—2012 年,全球海陆表面平均温度呈线性上升趋势,升高了 0.85 ℃;2003—2012 年平均温度比 1850—1900 年平均温度上升了 0.78 ℃。过去 30 年极有可能是近 800~1400 年间最热的 30 年。

1961 年以来的观测结果表明,全球海洋温度的增加已延伸到海面以下至少 3000 m 的深度,海洋已经并且正在吸收 90% 以上增加到气候系统的热量,这一增暖趋势引起海水膨胀，并造成海平面上升，自1950年以来，地球海平面的上升速度高于过去2000年。1901—2010年，全球平均海平面上升了0.19 m，而过去10年间，冰川融化的速度已比20世纪90年代加快了数倍。综合多模式多排放情景的预估结果表明，到21世纪末，全球地表平均将增温1.1～6.4 ℃，全球平均海平面上升幅度为0.18～0.59 m。在未来20年中，气温将以每10年上升大约0.2 ℃的速度升高。

全球变暖已成为世界关注热点，气候变化带来的极端性天气和灾难给人类发展带来一系列严重的影响和威胁。据统计，2000—2004年，全球每年约有2.62亿人遭受气候灾难影响，发展中国家人们遭受灾难影响的风险是发达国家的79倍。如果温度上升和气候变化不受控制，到2100年，每年约有2/3的欧洲人口（3.5亿）面临灾害性的气候极端事件，而这一比例在1981—2010年只有5%（0.25亿人）；每年气候极端事件造成的死亡人数（15.2万）比1981—2010年（3000人）增加50倍。欧洲南部遭受的影响最为严重，极端天气可能会成为该地区面临的最大环境风险。到2100年，欧洲南部每年每百万居民中将有700人死于极端天气事件，而这一数字在1981—2010年只有11人。

IPCC（2013）第四次评估报告中进一步提高了最近60年气候变化主要是由人类活动引起的可信度（由原来的66%的最低限提高到目前的95%），其统计数据表明，工业革命以来大量化石能源的利用，使得人类生产、生活活动导致的温室气体排放约占全球温室气体排放总量的90%以上。2004年，能源供应业、工业、林业（包括毁林）、农业和交通运输业五个主要温室气体排放部门的温室气体排放量分别占全球总排放量的25.9%、19.4%、17.4%、13.5%和13.1%，总计89.3%。世界银行《2009世界发展报告：重塑世界经济地理》指出，人类活动造成的温室气体主要来自交通、建筑、工业及森林减少这四大领域，在所有CO_2排放中，森林减少占据18.2%，工业（44.5%）、交通（17.5%）及建筑（19.8%）碳排放量约占城市总的碳排放量的81.8%。人类活动对大气温室气体浓度的影响主要表现为两个方面：一是直接向大气排放温室气体，例如，化石燃料燃烧和生物质燃料燃烧以及工业生产过程中直接向大气排放大量的CO_2、甲烷（CH_4）和氧化亚氮（N_2O）；二是人类活动改变了大气温室气体的源和汇，例如，森林砍伐直接减少了CO_2的汇。未来由于人类经济活动造成的大气中温室气体的增加所引起的气候变暖将继续长期地显露出来。

大气中温室气体类型主要包括二氧化碳（CO_2）、甲烷（CH_4）、氧化亚氮（N_2O）、氢氟碳化物（HFCs）、全氟碳化物（PFCs）、六氟化硫（SF_6）、含氯氟烃（CFCs）、氢代氯氟烃类化合物（HCFCs）、臭氧（O_3）以及水汽（H_2O）等。在不同的时间跨度上，各种温室气体对全球温度升高的贡献（温升潜能，global warming potential，GWP）是不同的。1750年以来，造成全球变暖的气候变化辐射强迫中，CO_2的贡献最大（约占50%），是最重要的温室气体。研究表明，地球表面温度与大气中CO_2浓度呈现显著的相关性。其在大气中的浓度已经从工业化革命前的550 mg/m^{3}上升到2013年的785.7 mg/m^3，远远超过了过去65万年以来自然因素引起的变化范围（180～300 mg/m^3）。EDGAR（Electronic Data Gathering, Analysis, and Retrieval）（2007）的统计数据表明，2004年二氧化碳排放量占全球温室气体排放总量的 76.7%。1975—2003 年，全球、高收入国家、较高的中等收入国家、较低的中等收入国家、低收入国家以及我国的 CO_2 排放量整体上都呈上升趋势，CO_2 排放量分别增加了 58.24%、37.92%、39.71%（1975—1988 年）后下降了 17.94%（1988—2003 年）、141.78%、190.85% 和 163%；但能源强度都呈现下降的趋势，分别下降了 25.47%、29.39%、29.12%、50.30%、29.73% 和 75.57%。

尽管如此，科学界对全球气候变暖是否是一种大尺度的长期趋势、气候变暖是否主要由温室气体浓度增高引起、温室气体浓度增高是否应归咎于人类活动等问题还存在很大质疑。因为他们认为，气候系统具有高度的复杂性，人类社会系统观察气候变化的历史还非常短，目前科学界尚缺乏评估过去气候变化原因、预测将来变化趋势的可靠手段。但在近年来，世界各地极端气候灾害频发，生态环境日益脆弱，能源资源供应紧张以及金融危机冲击世界经济的背景下，应对气候变化已经不仅仅是科学问题，而是成为国际社会多种政治、经济力量进行利益博弈的焦点之一。

2.《联合国气候变化框架公约》缔约方大会成为各国应对气候变化、进行利益博弈的平台

1992 年 5 月，《联合国气候变化框架公约》（以下简称《公约》）在联合国纽约总部通过，同年 6 月在巴西里约热内卢举行的联合国环境与发展大会期间正式开放签署。《公约》的最终目标是"将大气中温室气体的浓度稳定在防止气候系统受到危险的人为干扰的水平上"。《公约》由序言及 26 条正文组成。它指出，历史上和目前全球温室气体排放的最大部分源自发达国家，发展中国家的人均排放仍相对较低，因此，应对气候变化应遵循"共同但有区别的责任"原则。根据这个原则，发达国家应率先采取措施限制温室气体的排放，并向发展中国家提供有关资金和技术；而发展中国家在得到发达国家技术和资金的支持下，采取措施减缓或适应气候变化。1994 年 3 月 21 日，该公约正式生效。此《公约》是世界上第一个为全面控制 CO_2 等温室气体排放，以应对全球气候变暖给人类经济和社会带来不利影响的国际公约，也是国际社会在对付全球气候变化问题上进行国际合作的一个基本框架；同时，也拉开了全球环境气候谈判的序幕。

1995 年以来，《公约》缔约方大会每年召开一次。1997 年 12 月，第三次缔约方大会在日本京都举行，会议通过了《京都议定书》（以下简称《议定书》），对 2012 年前主要发达国家减排温室气体的种类、减排时间表和额度等做出了具体规定。《议定书》于 2005 年开始生效。鉴于发达国家在工业化进程中已排放大量温室气体的历史事实，遵照"共同但有区别的责任"原则，《议定书》要求签约的发达国家和经济转轨国家（即附件 1 国家）在 2008—2012 年的第一个承诺期内，将温室气体排放总量在 1990 年的基础上平均减少 5.2%。其中，欧盟将 6 种温室气体的排放量削减 8%、美国削减 7%、日本削减 6%。为帮助附件 1 国家实现温室气体减排目标，《议定书》制定了 3 种灵活机制，即联合履约（Joint Implementation，JI）、排放贸易（Emission Trading，ET）和清洁发展机制（Clean Development Mechanism，CDM）。其中，联合履约是指发达国家之间可以通过共同实施温室气体减排项目，将获得的减排额度相互转让；排放贸易是指已经达到减排目标的发达国家把温室气体排放权卖给其他发达国家；清洁发展机制是指发达国家与发展中国家通过开展项目合作向发展中国家提供资金和技术，将项目所实现的温室气体减排量用于完成发达国家的减排指标。CDM是唯一与发展中国家有关的机制。这个机制既使发达国家以低于其国内成本的方式获得减排量，又为发展中国家带来先进技术和资金，有利于促进发展中国家经济、社会的可持续发展，被认为是一种"双赢"机制。

2001年是气候变化领域形势起伏跌宕的一年。2000年11月在海牙召开的《公约》第六次缔约方大会期间，世界最大的温室气体排放国美国坚持要大幅度打折它的减排指标，因而使会议陷入僵局，大会主办者不得不宣布休会，将会议延期到2001年7月在德国波恩继续举行。2001年3月，美国政府公开宣布拒绝批准《京都议定书》，气候变化谈判的前景倍受世人关注。2001年7月，在德国波恩举行的《公约》第六次缔约方会议续会上达成了《波恩政治协议》，该协议维护了《议定书》的框架，防止了气候变化谈判进程的破裂，从而成为继1997年京都会议以来气候变化领域最重要的一次会议。但是，在关于落实该协议的具体技术谈判中，由于"伞型集团"国家（美国、加拿大、澳大利亚和日本等）在碳汇和遵约程序问题上提出过高要价，致使会议就相关问题达成一揽子决定的计划落空，有关问题被迫留待第七次缔约方会议解决。

2001年10月，第七次缔约方大会在摩洛哥马拉喀什举行。经过艰苦的工作和谈判，与会各方终于就《波恩政治协议》所涉各方面问题及其他相关问题达成一揽子协议，即《马拉喀什协定》，使得《波恩政治协议》得以具体落实，也使得《议定书》早日生效成为可能。《波恩政治协议》和《马拉喀什协定》同意将造林、再造林作为第一个承诺期（2008—2012年）合格的清洁发展机制（CDM）项目，为国际社会共同减排温室气体提供了一种行之有效的合作机制。

中国于1998年5月29日签署了该议定书，并于2002年8月30日递交核准书。欧盟及其成员方于2002年5月31日正式批准《京都议定书》。2004年11月5日，俄罗斯总统普京在《京都议定书》上签字，使其正式成为俄罗斯的法律文本。2005年2月16日，《京都议定书》正式生效。这是人类历史上首次以法规的形式限制温室气体排放。2006—2012年的缔约方大会着重讨论《京都议定书》第一承诺期在2012年到期后如何进一步降低温室气体的排放，国际气候步入"后京都"谈判时代。

后京都时代的谈判一波三折，矛盾重重，主要矛盾在于发达国家与发展中国家在碳减排的责任承担上难以达成共识。特别是2009年哥本哈根第15次缔约方大会形成的各国之间不和谐、互相不信任的气氛对之后几次的谈判造成了无法磨灭的影响，也致使原本致力于在2009年哥本哈根会议上能够达成"《京都议定书》第一承诺期2012年到期后全球应对气候变化新安排的谈判并签署有关协议"这一被喻为"拯救人类的最后一次机会"的会议最终以达成无约束力的协议《哥本哈根协议》而不欢而散。

之后，经过多次缔约方大会的不懈努力，2012年卡塔尔多哈第18次缔约方大会对《京都议定书》第二承诺期做出决定：《议定书》第二承诺期将按预期于2013年开始实施，发达国家须为发展中国家应对气候变化提供资金支持，在2010—2012年提供"快速启动"资金后,要继续增加出资规模,到 2020 年之前每年出资须达 1000 亿美元规模。会议还讨论了 2020 年后德班平台谈判的原则、要素和框架,对谈判的工作安排进行了总体规划。这次会议从法律上确定了《议定书》第二承诺期,达成了为推进《联合国气候变化框架公约》实施的长期合作行动全面成果,坚持了"共同但有区别的责任"原则,维护了《公约》和《议定书》的基本制度框架,这是多哈会议最重要的成果。

综上所述,IPCC 对气候变化科学知识的现状,气候变化对社会、经济的潜在影响以及如何适应和减缓气候变化的可能对策进行评估。《联合国气候变化框架公约》缔约方大会从宏观层面通过法律手段对各国碳排放承担的责任和减排方式进行整体规划和监督。在这两者的影响和推动下,国内外对应对气候变化进行了积极响应,各国政府、科研结构、学术团体等的各方人员从各个方面和角度对减缓温室气体排放进行了广泛的研究。

3. 低碳经济作为一种全新的经济理念应运而生

低碳经济是指在可持续发展理念的指导下,通过技术创新、制度创新、产业转型、新能源开发等多种手段,尽可能地减少煤炭、石油等高碳能源消耗,减少温室气体排放,达到经济社会发展与生态环境保护双赢的一种经济发展形态。低碳经济(low-carbon economy)是一种全新的经济理念。低碳经济的提法最早源于英国在 2003 年发布的《能源白皮书》——"我们未来的能源:创建低碳经济"。《能源白皮书》指出,英国将在 2050 年将其温室气体排放量在 1990 年的水平上减排 60%,从根本上把英国变成一个低碳经济的国家。2006 年 10 月,由英国政府推出、世界银行前首席经济学家尼古拉斯·斯特恩(Nicholas Stern)牵头的《斯特恩报告》(Stern Review)指出,全球以每年 GDP 的 1% 的投入,可以避免将来每年 GDP 5%~20% 的损失,呼吁全球向低碳经济转型,减少温室气体排放。

二、国内背景

在这样的国际背景下,我国的应对形势比较严峻。改革开放以后,我国的经济发展突飞猛进。国内生产总值(GDP)从 1978 年的 3678.7 亿元增加到 2016 年的 744127.2 亿元,提高了 201.3 倍,年均增速 15%。人均 GDP 从 381 元增加到 38420 元,提高了 139 倍,年均增速 13.9%。经济飞速发展的同时,也带来了能源的大量消耗和碳排放的大量增加。能源消费总量从 1978 年的 57144 万吨标准煤增加到 2016 年的 436000 万吨标准煤,年均增速为 5.49%。能源消费增加带来的能源碳排放也逐年增加。国际能源署(International Energy Agency,IEA)(2014)的统计数据显示,2007 年,中国能源 CO_2 排放量为 60.37 亿吨,首次超过美国的 58.52 亿吨,成为世界头号能源碳排放大国。之后,中国能源碳排放呈强劲增长态势,CO_2 排放量稳居世界第一。

我国温室气体排放清单在 2011 年编制完成,而以往的能源消费 CO_2 排放并无权威的官方数据可以参考,国外机构发布的数据的科学性和准确性有待进一步验证。但在世界碳排放问题上，我国已经具有举足轻重的影响。我国虽然是发展中国家，不需要承担减排任务，但世界碳排放头号大国的头衔使我们在国际气候谈判的"后京都"谈判时代备受攻击，承受着巨大的减排压力已是不争的事实。

2009年年底在丹麦哥本哈根召开的联合国气候变化大会，引起了全球对地球气温升高和环保的高度关注。中国政府本着对世界人民和本国人民高度负责的态度，向世界做出了到2020年单位国内生产总值CO_2排放比2005年下降40%～45%的郑重承诺，并作为约束性指标纳入了国民经济和社会发展中长期规划。2015年，我国再次承诺碳减排目标为到2030年CO_2排放比2005年下降60%～65%。这一系列举措对于减缓全球气候变化压力、缓和气候谈判紧张气氛、提升我国的国际影响力无疑具有重要的现实意义。另外，节能减排作为我国建设资源节约型、环境友好型社会的一项重大举措，也是我国经济、社会、资源与环境可持续发展的自身要求。我国长期高能耗、高排放的粗放型经济增长方式使我国部分地区生态环境遭受严重破坏，极端天气频发的恶果已经显现。我国以煤为主的能源资源禀赋先天不足，化石能源储量日益减少，国家能源安全遭受威胁。为此，我国明确提出能源发展的"四个革命、一个合作"战略思想，标志着我国进入了能源生产和消费革命的新时代。能源发展的"四个革命"分别为：推动能源消费革命，抑制不合理能源消费；推动能源供给革命，建立多元供应体系；推动能源技术革命，带动产业升级；推动能源体制革命，打通能源发展快车道。

国家能源管理正逐渐向精细化方向发展，主要体现在：将同时实施能源消费总量控制、能源消费强度控制、碳排放强度控制等约束性措施，从能源需求源头控制、能源利用整个过程的优化、终端排放控制的倒逼机制三方面提高能源利用整体效率；探索市场化的节能减排机制，探索纵向、横向补偿机制并重的生态发展机制，已经在七省市试点建立碳排放权交易市场，将逐步建立节能指标、能源消费总量控制指标交易市场。2013年9月国务院发布《大气污染防治行动计划》，正倒逼能源结构调整，加速可再生能源的应用，京津冀鲁、长三角、珠三角等地区煤炭消费受到限制，将更多地选择使用优质能源，如核电、天然气、可再生能源等。

我国已经步入第一期承诺碳减排的最后一个五年，即我国的"第十三个五年计划"，总体来看，"十三五"中国能源规划目标约束日益严格，主要聚焦以下九大方面：大力推进能源节约、增强国内油气供应能力、清洁高效开发利用煤炭、大幅提高可再生能源比重、安全发展核电、大力拓展能源国际合作、加强石油替代和储备应急能力建设、深化能源体制改革、增强能源科技创新能力。

《2015年政府工作报告》提出"互联网+"计划，把能源等传统行业与互联网联系起来，清洁、多能技术组合、信息化将成为能源产业未来的发展方向，跨地域、跨行业、跨时间联通，以大数据的重要支撑的多因素优化和调控、供给与需求在不同时间和空间上的精准匹配将成为未来能源发展的重要特征。能源互联网技术是第三次工业革命的支柱性基础，实现能源绿色化和用能高效化，将从根本上改变对传统能源利用方式的依赖，推动传统产业向以可再生能源和信息网络为基础的新兴产业调整，必将催生和推动创新经济的发展并创造大量新的就业机会。

由此可见，为了应对全球气候变化，我国做出了很多努力，推动能源革命、提出能源互联网计划、推进节能减排、走低碳发展道路是我国实现可持续发展的正确选择。

第二节 研究意义

能源是经济发展必需的生产要素和先决条件，经济发展具有较强的"能源依赖"特征。随着世界各国经济发展带来的能源消费及其碳排放的不断增加，节能减碳、应对全球气候变化成为国际行动。我国已经成为能源碳排放大国且面临严峻的国际社会的碳减排压力已经是不争的事实。中国继2009年主动提出到2020年二氧化碳排放强度比2005年下降40%～45%之后，2015年再次承诺到2030年将下降60%～65%，并作为约束性指标纳入国民经济和社会发展的中长期规划。在此严峻的碳减排压力下，为有效完成承诺的碳减排目标，国家制定了分阶段目标，将碳强度指标分解到各省，各省再将指标分解到各个地级市。全国上下掀起了发展低碳经济的浪潮。

广东省集经济、人口、能源消费、碳排放大省和地区发展存在显著差异的特点于一身，发展和环境保护的矛盾异常突出，减排压力空前严峻。2010年7月19日，国家发展和改革委员会下发了《关于开展低碳省区和低碳城市试点工作的通知》，将包括广东省在内的五省八市列入国家低碳试点范围。国务院发布的《"十二五"控制温室气体排放工作方案》下达给广东的节能减排任务为到2015年单位GDP能耗在2010年的基础上下降18%，高出全国平均16%的目标；而单位GDP二氧化碳排放下降19.5%，为全国各省（区、市）中最高。广东碳减排的压力尤为迫切，急需行之有效的低碳发展路径和碳减排对策。

广东省低碳转型要把握好"高度、角度、尺度、力度"四个维度，使之高效协调统一，高度是指站在全省的高度设定合理的节能减排总体目标；角度是指找到节能减排的关键因素、关键行业和关键区域，才能开展针对性的节能减排分目标；尺度是指从宏观、中观和微观开展不同尺度的研究，才能更深入了解全局和局域特征；力度是指根据前面三种维度的综合结果对节能减排的政策措施进行不同力度的实施操作，而不能一视同仁。其中，高度这一维度全省已经给出明确定位，即实现能源消费总量和消费强度"双控"目标，不同角度和不同尺度碳排放研究是本书需要开展研究的主要内容，政策实施力度是本书在理论研究的基础上提出的低碳转型的差异化节能减排政策建议。

鉴于此，本书在对广东省能源及其产生的碳排放进行核算的基础上，以KAYA恒等式和Tapio脱钩模型为基本原型，经过层层扩展、嵌入和整合，构建了能源碳排放影响因素分解模型、能源碳排放脱钩弹性分解量化模型、碳生产率与人均GDP的空间追赶脱钩模型等一系列时空模型，从不同角度、不同尺度系统分析了广东省能源碳排放的时空变化趋势，能源碳排放的影响因素，能源碳排放与经济脱钩的空间格局

及影响因素,碳生产率与人均GDP的空间追赶脱钩,21个地级市、区县能源碳排放空间集聚与异质性等的基础上,提出了针对关键影响因素、关键行业、关键地区的差异化节能减排政策建议。

本书研究成果具有重要的理论意义和实践意义。

从理论意义上讲,本书在运用KAYA恒等式和Tapio脱钩模型的同时,对两个模型进行了扩展、嵌入和整合,构建了一系列新的模型组合方式,为从不同角度、不同尺度的研究提供了针对性的研究方法,得出了比较全面的研究成果。

从实践意义上讲,本书研究结论将对广东省制定针对性、高效、差异化碳减排政策,发展低碳经济,实现低碳省建设具有重要意义;对实现广东经济又好又快发展,协调广东经济与环境发展的良性循环有着重要的现实意义和深远的历史意义;同时,研究结果对我国及其他省市低碳经济发展也具有一定的实证借鉴意义。

第三节　国内外研究进展

一、文献综述

1. 期刊论文

在中国知网(China National Knowledge Infrastructure,CNKI)上以检索条件"[题名=碳排放或者Title=中英文扩展(碳排放,中英文对照)]或者[题名=温室气体排放或者Title=中英文扩展(温室气体排放,中英文对照)](模糊匹配),专辑导航:全部;数据库:文献跨库检索"进行检索,检索时间1900—2018年,检索到核心期刊文献总数19942篇。从碳排放论文发表量年度变化趋势(见图1-1)可以看出,2006年("十一五")开始,学术界对碳排放开展研究的相关论文逐渐增多,特别是从2010年开始,相关研究论文如"井喷式"快速发展。其中,中文文献11652条,外文文献8293条。这一时期,是我国节能减排的关键时期,大量开展碳排放相关主题的研究(见图1-2),可以为我国节能减排、完成向国际承诺的碳减排目标提供理论支持和政策依据。

2. SCI(SCIE)期刊论文

以主题=energy carbon emission or CO_2 emission在"web of sciences"进行检索,检索出7876条记录(1900—2018年)。图1-3展示了最近25年来的变化趋势,可以看出,1993年以来,开展相关研究的文献呈逐年上升趋势,其中,从2009年开始,碳排放相关的论文有明显的增多趋势。由此可见,国外对碳排放和温室气体排放的关注要稍微早于中国。从其研究方向来看,重点关注的五个研究领域分别为生态环境科学、工程学、能源燃料、商业经济学和气象学大气科学。(见图1-4)

总体趋势分析

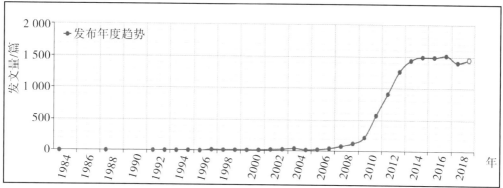

图1-1　1900—2018年碳排放论文发表量年度变化趋势

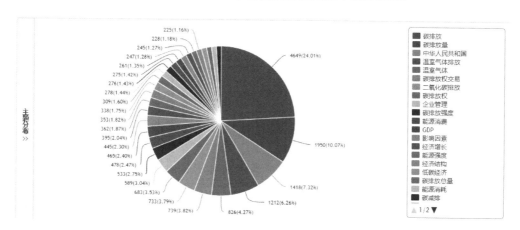

图1-2　碳排放相关主题分布情况

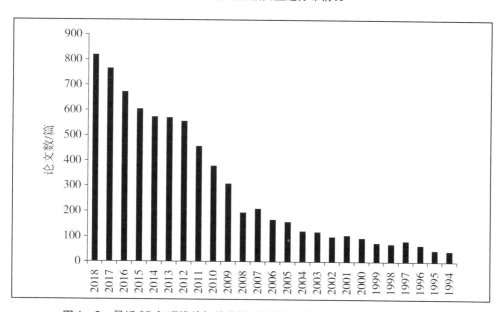

图1-3　最近25年碳排放相关SCI（SCIE）期刊论文篇数年度变化趋势

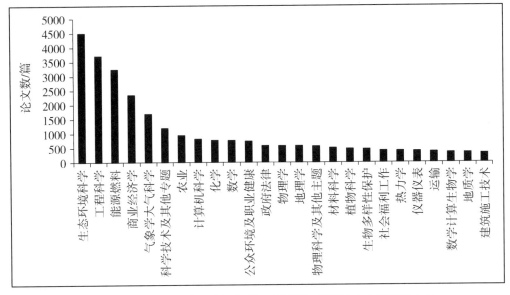

图 1-4 最近 25 年碳排放相关 SCI（SCIE）期刊论文主要研究方向

二、国内外研究综述

综观国内外现有文献的研究内容，对能源碳排放的研究主要集中在以下五个方面：①能源碳排放理论研究；②能源碳排放估算方法研究；③能源碳排放与经济发展之间的关系，以及碳排放与诸如人口、环境等此类由经济发展延伸而出的经济要素之间的关系研究；④能源碳排放影响因素研究；⑤能源碳排放区域差异研究。

1. 能源碳排放理论研究

能源碳排放的机理研究，即在各种生产过程中，由化石能源不同的使用目的和消费过程所引致的碳排放量的变化规律。例如，以多个或单个国家作为研究对象，验证经济增长与环境之间存在环境库兹涅茨曲线。此后的研究发现碳排放也受替代能源、能源价格、技术进步、产业结构等多因素影响。在此基础上，又提出了碳排放量的计算公式。近年，随着全球对低碳经济的重视，为达到减排目标，各国开始关注在生产、交通、人口集聚、土地利用等方面挖掘减排的潜力，并运用模型对区域低碳发展进行情景分析。

2. 碳排放估算方法研究

有关碳排放量的估算方法，国外的研究较为成熟。碳排放的估算方法主要有以下三种，这三种方法各有所长，互为补充；但对于不同的碳源，所采用的方法也不尽相同。

（1）实测法。实测法主要是通过监测的手段或国家有关部门认定的连续计量设施，测量排放气体的流速、流量以及浓度，用环保部门认可的测量数据来计算气体的碳排放总量的统计方法。

（2）物料衡算法。物料衡算法是对生产过程中使用的物料情况进行定量分析的一种方法。其始于质量守恒定律，即生产过程中，投入某系统或设备的物料质量必须等于该系统产出物质的质量。该法是把工业排放源的排放量、生产工艺和管理、资源（原材料、水源、能源）的综合利用及环境治理结合起来，系统、全面地研究生产过程中排放物的产生、排放的一种科学有效的计算方法，适用于整个生产过程的总物料衡算，也适用于生产过程中某一局部生产过程的物料衡算。目前，大部分碳源排碳量的估算工作和基础数据的获得都是以此方法为基础的。具体应用中，主要有表观能源消费量估算法和详细的燃料分类为基础的排放量估算法。

（3）碳排放系数法。碳排放系数法是指在正常技术经济和管理条件下，生产单位产品所排放的气体数量的统计平均值，排放系数也称为排放因子。碳排放系数法因其数据易得、操作简单而成为科研上最为常用的方法。此法对于统计数据不够详尽的情况有较好的适用性；但其缺点在于在不同技术水平、生产状况、能源使用情况、工艺过程等因素影响下的排碳系数存在很大差异，因此，使用系数法存在的不确定性也较大。

3. 能源碳排放与经济要素的关系研究

（1）碳排放与经济发展的关系研究。国内外对碳排放与经济发展的关系研究重点在以下三方面：一是碳排放与经济增长或人均收入的环境库兹涅茨（Kuznets）曲线；二是探讨能源消耗、碳排放等环境指标与经济增长的长期因果关系；三是经济发展与碳排放脱钩研究。

a. 碳排放与经济增长或人均收入的环境库兹涅茨（Kuznets）曲线研究。环境Kuznets曲线假说源于环境压力与经济增长关系的争论。其倒"U"形曲线关系的基本含义是：在经济发展的初始阶段，人口的较快增长、生产技术的相对落后和资源的严重浪费造成了环境的不断恶化；随着经济的发展，以技术进步为主导的产业发展对经济的贡献越来越突出，人们的环保意识也逐渐增强，污染物的排放趋势逐渐趋缓，环境质量也会得以改善。该假说暗示经济的发展最终可以弥补早期发展对环境造成的破坏；同时，如果采用合适的环境政策，环境改善与经济发展可以相容。

目前，国内外对碳排放量与经济发展之间的Kuznets曲线研究较多，国外的代表性研究成果主要有：

Grossman等首次发现经济增长与环境存在倒"U"形关系，开创性地提出了著名的环境库兹涅茨曲线（Environmental Kuznets Curve，EKC）。随后，对于经济增长与环境之间倒"U"形关系以及如何解释成为众多研究者的关注焦点。例如，Nemat Shafik等通过分析国家在不同收入水平上环境变换模式，考察了经济增长与环境质量的关系。Nemat Shafik等对1960—1990年149个国家的研究发现，这些国家的碳排放量和人均收入之间呈正向线性关系。Friedl等的研究认为，人均实际GDP和二氧化碳排放量之间存在立方关系。Gene M. Grossman等考察了不同环境指标和一个国家的人均收入水平之间的简约型关系。结果表明，在经济增长的初步阶段，环境趋于恶化，随后环境得以改善，转折点为一个国家的人均收入达到8000美元。

VivekSuri等在考虑不同国家产品所包含污染的实际活动对环境的影响时，采用跨国面板数据建立了计量经济模型。结果发现，贸易变量的引入，大大提升了EKC

曲线的拐点的位置。

Mohan Munasinghe 指出，发展中国家可以借鉴工业化国家的经验，通过任何潜在的 EKC 曲线来重组增长和发展。还有一些研究认为，虽然碳排放量和人均收入之间存在 Kuznets 曲线关系，但是，目前即使是最高收入的国家也没有达到阈值点的收入水平。

Sigrid Stagl 基于 EKC 曲线认为这种模式可能的解释是在经济发展的进程中，从清洁的农业经济到污染的工业经济，再到清洁的服务经济。这种趋势的转变是以高收入国家转让清洁技术给低收入国家，且高收入人群对环境质量有更高的偏好为基础的。

Marzio Galeotti 等在不同参数设置和数据条件下重新估计 EKC 的稳健性，发现二氧化碳的 ECK 不依赖于数据的变换；经合组织国家的经济增长和二氧化碳的排放呈现倒"U"形关系。Tao Song 等也发现 1985—2005 年中国的废气、废水和固体废物与人均 GDP 表现出倒"U"形关系，而水污染比固体污染和废气污染的拐点要提前。Paresh Kumar Narayan 等基于短期和长期收入弹性对 EKC 假说进行验证。如果长期收入弹性小于短期收入弹性，一个国家的碳排放随着收入的提高是减少的。

国内的代表性研究成果主要有：付加锋等（2006）对全球 44 个国家 1990—2004 年的数据进行了模拟，结果表明，在生产消费中，单位 GDP 的碳排放量都具有明显的倒"U"形曲线关系；王中英等（2006）的研究认为，中国经济增长与碳排放量之间存在明显的相关性，但目前所处的经济发展阶段远没有达到 Kuznets 曲线的阈值点；杜婷婷等的研究发现，我国碳排放量与人均 GDP 之间呈现出"N"形曲线；随后，胡处枝等、王琛等人的研究也证实了该观点；宋涛等对中国 1960—2000 年人均碳排放量与人均 GDP 之间的关系进行了实证研究，发现二者存在明显的倒"U"形曲线关系。徐玉高等采用时间序列和截面数据的计量分析方法，对我国经济增长与碳排放的关系进行了实证研究，认为人均碳排放量与人均 GDP 之间不存在倒"U"形曲线关系，人口增长和人均 GDP 的增加是人均碳排放量增加的主要来源，而 GDP 能源消费强度的下降则是碳排放减少的重要来源。魏下海等、吴献金等认为我国存在碳排放量的环境库兹涅茨曲线。

b. 能源消耗及其碳排放与经济增长的长期因果关系研究。关于能源消耗及其碳排放与经济增长的长期因果关系研究，国外代表性的研究主要有：Chien-Chiang Lee 等采用面板单位根、异质面板协整和面板误差修正模型重新考察亚洲 16 国 1971—2002 年能源消耗与实际 GDP 之间的因果关系，考虑了异质国家的效应。实证研究结果完全支持实际 GDP 与能源消耗之间存在长期的协整关系（单向因果关系）。Ugur Soytas 等在保持固定资本形成额和劳动投入不变的情况下，研究了土耳其经济增长、碳排放量和能源的长期格兰杰因果关系。结果表明，碳排放量是能源消耗的格兰杰原因；反之则不然，从长远来看收入和碳排放之间不存在因果关系。Zhang 等采用中国 1960—2007 年数据，研究发现 GDP 是能源消耗的单向格兰杰因果关系，能源消耗是碳排放的单向格兰杰因果关系。Stela Z. Tsani 运用时间序列方法研究 1960—2006 年希腊的总能源消耗和分类能源消耗与经济增长的因果关系。结果表明，总能源消耗是实际 GDP 的单向因果关系，在分类水平下，工业和居民能源消耗与实际 GDP 存在双向因果关系。

国内代表性的研究主要有：赵爱文等运用协整和误差修正模型及格兰杰因果关系对中国碳排放量和经济增长关系进行研究。结果表明，从长期来看，碳排放与经济增长之间存在长期均衡关系（协整关系），在短期内，两者存在着动态调整机制，非均衡误差项的存在，保证了两者之间长期均衡关系的存在。格兰杰因果关系研究结果表明，碳排放与经济增长之间互为双向因果关系。

c. 碳排放与经济发展脱钩研究。"脱钩（decoupling）"一词最早用于物理学领域，是使具有响应关系的两个或多个物理量之间的相互关系不再存在。脱钩理论是经济合作与发展组织（Organization for Economic Cooperation and Development，OECD）最先提出的描述阻断经济增长与资源消耗或环境污染之间联系的基本理论。OECD 将脱钩分为绝对脱钩和相对脱钩，推动了脱钩的理论研究。Tapio 将弹性方法引入脱钩研究，探讨欧洲交通业经济增长与运输量、温室气体排放之间的脱钩情况，进一步发展和完善了脱钩理论。随着 20 世纪经济增长所带来的资源短缺、环境污染与生态破坏的日益加剧，"脱钩"思想被一些学者引入到经济增长与资源消耗、温室气体排放的研究领域，目的是尽早实现期望变量（如经济增长）与非期望变量（如资源投入或温室气体排放）之间耦合关系破裂。

在碳减排领域，Tapio 最早利用脱钩弹性方法对欧洲交通业经济增长与运输量、温室气体排放之间的脱钩情况进行了研究。之后，David Gray 等、Lu 等也对经济增长与交通运输量及二氧化碳排放之间的脱钩情况做了研究。国内学者对二氧化碳排放与经济增长的脱钩研究主要集中在以下三方面：

第一，根据 OECD 脱钩模型或 Tapio 脱钩模型直接计算脱钩指标值并进行分析，例如，孙敬水等利用 OECD 脱钩指标研究了中国经济增长与能源消耗之间的关系，结果显示，1990—2007 年，中国经济总量与能源消耗都在增长，总体上两者处于相对脱钩状态。庄敏芳对台湾的二氧化碳排放与经济增长进行了脱钩研究。庄贵阳对全球 20 个温室气体排放大国在不同时期的脱钩情况进行了研究。李忠民等运用 OECD 脱钩指标和 Tapio 脱钩指标对山西工业部门工业增加值及其能耗投入和二氧化碳排放之间的关系进行了分析。

第二，基于现有的脱钩模型和分解模型，构建碳排放与经济增长脱钩的影响因素分解模型，对脱钩指标与状态发生变化的机理进行研究。目前，这方面的研究还相对较少，赵爱文等、孙耀华等、王云等、Wang 等做过相关方面的研究。孙耀华等基于 Tapio 脱钩指标对我国 1999—2008 年各省（区、市）碳排放与经济增长之间的脱钩关系进行测度，结果显示，近 10 年来我国绝大部分省（区、市）经济增长与碳排放之间呈现弱脱钩状态，经济增长速度大于碳排放增长速度，表明减排工作取得初步成效。在对脱钩弹性指标进行因果链分解后表明，工业领域能源利用效率的提高为碳排放增长速度的减缓起到了重要作用。赵爱文等介绍并运用基于驱动力（driver）-压力（pressure）-状态（state）-影响（influence）-反映（response）框架而设计的 DPSIR 结构的 OECD 脱钩指标和 Tapio 脱钩指标对山西工业部门工业增加值与其能耗投入及二氧化碳排放之间关系进行了脱钩分析,得出作为该省国民经济支柱产业之一的工业呈现 GDP 与能耗投入及二氧化碳排放之间的扩张连接状态。该研究在我国首次进行本土性的旨在构建"低碳经济"而对经济增长与能耗投入及二氧化碳排放之间关系进行脱钩分析的尝试。

以上这些研究得出的较为一致的结论是,我国及各省区经济增长与碳排放大体上呈现弱脱钩或扩张连接的脱钩关系,与实现强脱钩还有一定的差距。但由于我国各地经济社会发展阶段和发展水平不同,其经济增长与碳排放的脱钩状态和变化趋势也具有不同的特征。因此,针对某一地区经济增长与碳排放脱钩的研究可以为该地区低碳经济发展提供针对性和差异化的碳减排政策建议。

第三,碳生产率与经济增长的脱钩研究。目前,对碳生产率的研究主要分为三大类:

第一类是碳排放总量控制与碳生产率的关系研究。例如,Beinhocker 等对到 2050 年为实现碳排放总量比 2005 年减少 50% 的目标,碳生产率需要提高到多少等问题进行了探讨。Blair 及其气候小组提出了解决全球应对气候变化走出困境的措施机制与对策建议。麦肯锡在《碳生产率挑战:遏制全球变化、保持经济增长》报告中全面阐述了碳生产率的内涵及其结构性演进,指出,任何成功的气候变化减缓技术必须支持两个目标:既能稳定大气中的温室气体含量,又能保持经济增长,而将这两个目标有机结合起来的正是"碳生产率"。报告认为,碳生产率既是低碳发展的经济机制,又是促进低碳发展的重要政策工具,初步提出了碳生产率杠杆效应。

第二类是对碳生产率的增长率和影响因素的研究。Lu 等采用拉氏分解法研究了 2003—2011 年中国碳生产率的变化特点及其影响因素。研究结果表明,产业结构因素阻碍碳生产率的增长,生产率的增长主要来源于生产效率的提高。农业和制造业在产业结构因素中对碳生产率的提高具有抑制作用,而在效率因素中具有促进作用,其他产业对碳生产率的提高具有较强的促进作用。何建坤和苏明山指出,协调经济发展和保护全球气候资源的根本途径在于走低碳经济发展道路,提高碳生产率。这也是在可持续发展框架下应对气候变化的主要途径。他们着重对碳生产率的定义进行了分解,研究了影响我国碳生产率各因素的贡献率,提出提高碳生产率的根本措施在于转变发展方式和消费方式,提高能源转换和利用效率,发展可再生能源、核能、天然气等无碳或低碳能源,降低单位能源消费的 CO_2 排放因子。谌伟等具体分析了上海市工业碳排放量和碳生产率的因果关系,认为工业碳排放总量是碳生产率的格兰杰原因。刘国平和曹莉萍研究了基于福利效应的广义碳生产率,提出应该实现经济社会福利与 CO_2 脱钩的发展模式。张永军运用拉氏分解法分析了技术进步、产业结构变动和能源消费结构对我国碳生产率增长的影响,结果表明,技术进步是推动碳生产率提高的主要因素,能源消费结构变化的贡献较小。进一步推进技术进步、发挥技术效率在节能减排中的主导作用,重点发展清洁能源和高效能源、优化能源消费结构,以及推动产业结构持续演进,是提高碳生产率、发展低碳经济的可靠路径。

第三类是对碳生产率地区和行业差异的研究。潘家华和张丽峰利用聚类分析、泰尔指数和脱钩指数分析了我国不同区域碳生产率的增长趋势、区域间差异以及 CO_2

排放增长与经济增长的关系。王永龙分析了碳生产率的增长机制，进行了碳生产率增长的因素分解研究，结果表明，我国碳生产率增长因素贡献率存在一定的差异性，能源结构因素、技术结构因素对碳生产率增长的贡献值较小，但能源经济效率因素却对碳生产率增长形成了较大贡献，说明能源经济效率的提高对持续抑制碳排放起到了主要作用。碳生产率增长率与 GDP 增长率、全要素生产率总体趋势一致，但仍存在局部非一致性。徐大丰分析了我国不同行业碳生产率和碳排放影响力系数差异，在此基础上，综合考虑降低碳排放和保持经济增长，指出产业结构调整的方向。彭文强对我国 29 个省、自治区、直辖市 1995—2010 年的碳生产率进行了测算和分析，研究发现，在样本期间内，全国碳生产率水平逐年增加，东、中、西三大区域碳生产率水平呈由东到西递减格局。

目前，对碳生产率与经济增长脱钩关系的研究较少，张成等做过相关方面的探讨，他们以中国 1995—2011 年 29 个省份的面板数据为样本，考察了人均 GDP 和碳生产率的趋同效应和脱钩状态，结果表明：①基于泰尔指数的 σ 收敛显示，人均 GDP 和碳生产率在全国整体层面上分别呈现倒"U"形和"U"形收敛趋势，但东、中、西内部和组间的差距形态各异，且东部和组间差距均是两变量总体差距的主要成因。② β 收敛结果显示，由于各省份在技术进步率、国际竞争程度、产业结构偏好和能源结构等因素上的差异，导致两变量更多地呈现条件 β 收敛而非绝对 β 收敛趋势，即向各自的稳态水平而非同一水平趋近。③ Tapio 脱钩指数和追赶脱钩指数模型显示，中国各省份在实现人均 GDP 的不断增长，但碳生产率的增长速度相对滞后，说明碳生产率在向着一个相对较低的各自稳态水平趋近，要特别注意 Tapio 脱钩指数中处于扩张绝对脱钩的省份和追赶脱钩指数中位于衰退相对脱钩的省份，谨防它们在发展模式上进一步恶化。其研究对本书中广东省碳生产率与人均 GDP 脱钩及追赶脱钩研究思路的形成具有重要的启示的作用。

（2）人口发展与能源碳排放关系的研究。国内外关于人口发展与能源碳排放的关系研究主要包括人口总量、人口结构（年龄结构、城乡结构）和居民消费行为等对能源碳排放的影响。

国外研究的代表文献主要有：Birdsall 认为人口增长对温室气体排放产生影响存在两种方式：一是较多的人口对能源需求会越来越多，因此，能源消费产生的温室气体排放也越来越多；二是快速的人口增长导致了森林破坏，改变了土地利用方式等，这些都导致了温室气体排放量的增加。Knapp 等从格兰杰因果检验的角度，研究了全球 CO_2 排放量和全球人口之间的因果关系，认为两者之间不存在长期协整关系，但是全球人口是全球 CO_2 排放量增长的原因。Michael 等采用能源-经济增长模型研究了美国人口年龄结构对能源消费及碳排放的影响。研究表明，在人口压力不大的情况下，人口老龄化对长期碳排放有抑制作用，这种作用在一定的条件下甚至会大于技术进步的因素。Schipper 等的研究表明，消费者的行为，如私人汽车、家庭、服务等，能够影响全部能源消费的 45%~55%。Lenzen、Weber 等分别建立评估模型，定量分析了澳大利亚、德国、法国、荷兰等国的消费者行为与生活方式因素对能源消费和温室气体排放量的影响。Kim 研究了 1985—1995 年韩国居民消费模式的变化对 CO_2 和

SO_2 排放的影响。研究结果显示，居民生活的直接能源消费及对强排放消费品的需求，是影响温室气体排放的最主要因素。

国内的研究主要有：彭希哲等应用 STIRPAT 扩展模型，考察近 30 年来我国人口规模、人口结构、居民消费及技术进步因素对碳排放的影响。研究发现，居民消费与人口结构变化对我国碳排放的影响已超过人口规模的单一影响力。居民消费水平提高与碳排放增长高度相关，居民消费模式变化正在成为我国碳排放的新的增长点；人口结构因素中，人口城镇化率的提高导致碳排放增长；人口年龄结构变化对生产的影响大于对消费的影响；家庭户规模减小导致人均消费支出的增加及总户数消费规模的扩张，以家庭户为分析单位考察其对碳排放的影响具有较高的解释力。李国志等基于动态面板模型，利用中国 30 个省（区、市）的相关数据，分析了二氧化碳排放与人口、经济、技术的关系。结果表明，人口、经济和技术对不同地区二氧化碳排放的影响是不一样的。其中，人口对二氧化碳排放的影响呈现明显的双向性，经济增长对碳排放具有较强的促进作用，而技术进步则在一定程度上缓解了二氧化碳排放。除此之外，李国志等还利用 1978—2009 年的相关数据和变参数模型，分析了人口数量和居民消费对我国二氧化碳排放的动态影响。结果表明，人口、消费与二氧化碳排放之间存在长期稳定的关系，二者对碳排放均有比较显著的影响。肖周燕通过全国 1995—2008 年各省（区、市）二氧化碳排放和人口发展状况对比发现，人口与二氧化碳排放之间并不呈现简单的正相关关系。在短时期内，人口增长对二氧化碳排放的影响不可忽视，但从长远来看，经济增长对二氧化碳排放影响更为重要。值得注意的是，虽然人口和经济增长是二氧化碳排放变化的原因，但当滞后期延长时，人口和经济系统之间将互为因果，使得人口和二氧化碳排放的关系将更为复杂。潘家华等从人文发展的角度对居民生活基本需要进行了量化界定，在此基础上对满足 13 亿中国人体面生活水平基本需要的能源和碳排放含义进行了案例研究。魏一鸣等分析了 1999—2002 年中国城镇和农村居民消费行为变化对终端能源消费及 CO_2 排放的影响。研究表明，每年有 30% 的碳排放是直接由居民的消费行为产生的，居民的间接能源消费量是其直接能源消费的 2.44 倍。

3. 能源碳排放影响因素研究

分解分析作为研究事物的变化特征及其作用机理的一种分析框架，在环境经济研究中得到越来越多的应用。从碳排放的影响因素分解方法来看，现在被研究人员、研究机构、政策决策者应用的能源消费及二氧化碳排放的分解分析方法很多，但最为常用和通行的分解方法主要有两种，一种是结构分解方法（structural decomposition analysis，SDA），一种是指数分解方法（index decomposition analysis，IDA）。

（1）结构分解法（SDA）。结构分解法是基于投入产出表对碳排放驱动因素进行定量研究的方法，又被称为投入产出分解法。该方法是目前投入产出技术领域普遍使用的量化分析工具，它在描述因素的时间序列变化方面有着突出的优势，其基本思路是将经济结构中某一重要因素的变动分解成有关自变量各种形式的变动，以测度各自变量对因变量变动贡献的大小。20 世纪 60 年代以来，随着投入产出技术研究向包括经济、环境各个方面的扩展，环境投入－产出（I/O）模型有了较快的发展，虽然不同学者开发的模型之间存在较大差异，但是，都具有共同的投入产出方法的普遍基础，即 Leontief 生产方程。环境投入-产出模型在深入分析一个国家或地区能源消费和碳排放的影响因素时具有重要作用。

国内外采用结构分解法的研究主要有：Chang 等应用结构性因素分解方法对台湾工业部门的碳排放影响因素进行了分解研究。Nobuko 分析了日本 1985—1995 年二氧化碳排放量变化的影响因素。Rhee 等对韩国和日本的二氧化碳排放量变化进行了国际投入产出分析。Miguel 等（2007）采用合并后的投入产出分析方法研究了经济各部门之间的联系和二氧化碳排放。梁进社等用投入产出法将 20 世纪 90 年代以来中国能源消费增长分解为中间需求效应、技术效应和最终需求效应，认为技术效应是减少能源消费的关键因素。李艳梅等用两极分解法对 1997—2002 年我国能源消费的增长因素进行分解分析，结果表明，贡献率最大的是经济规模的增加。高振宇等采用 Divisia 指数分解方法对我国"六五"时期以来的生产用能源消费情况进行了分解分析，认为产业内能源效率的提高是我国控制能源消费规模的主要因素。

国内的研究主要有：吴开亚等利用政府宏观统计数据，基于投入产出模型测算了上海居民消费产生的间接碳排放，并利用扩展的投入产出模型，使用结构分解分析法分析了居民消费间接碳排放的影响因素。结果表明，1997—2010 年，上海市石油加工炼焦及燃烧加工业、金属加工制品、交通运输仓储及信息服务 3 个部门的碳排放强度、碳排放乘数因子均处于各部门前列，是能源消耗高度密集型部门；上海市居民间接能源消费产生的碳排放总量、城镇居民间接能源消费产生的碳排放呈上升趋势，农村居民间接能源消费产生的碳排放总体呈下降趋势。结构分解结果显示，上海市居民消费水平的提高是居民消费间接碳排放增加的主要驱动力；城镇人口规模的增加也是影响上海城镇居民消费间接碳排放总量增加的重要因素。

（2）指数因素分解法（IDA）。由日本教授 Yoichi Kaya 首次提出的指数因素分解法（IDA）是国际上能源与环境问题的政策制定中被广泛接受的一种分析方法，其实质是通过数学恒等变形将碳排放的计算公式表示为几个因素指标相乘的形式，并根据不同的确定权重的方法进行分解，以确定各个指标的增量余额。相对于 SDA 方法需要投入产出表数据作为支撑，IDA 方法因只需使用部门加总数据，特别适合分解含有较少因素的、包含时间序列数据的模型。在能源消费和碳排放相关问题的研究中，指数因素分解方法是对研究对象的影响因素进行分析时最常用的分解研究方法。指数分解方法中的对数平均迪氏指数法（logarithmic mean divisia index，LMDI）因满足因素可逆，能消除残差项，克服了用其他方法分解后存在残差项或对残差项分解不当的缺点，使模型更具说服力，在对碳排放进行因素分解中得到了广泛应用。

主要研究成果有：Greening 等利用 LMDI 方法分析得出美国能源和碳排放强度下降的主要原因是天气变化而不是能源结构的调整。Greening 等还对 OECD 10 个国家的制造业、运输业、居住和私人交通部门的碳排放强度进行了分解分析。Bhattacharyya 等分析了泰国 1981—2000 年间能源消费的影响因素。Wang 等采用 LMDI 方法对中国广东省能源碳排放进行了因素分解分析。结果显示，经济总产出和碳排放强度分别为影响广东能源碳排放的第一驱动因素和第一抑制因素。Zhang 对中国工业部门能源消费变化的研究认为，1990—1997年工业部门所节约能源的87.8%是能源强度下降引起的。郭朝先运用LMDI分解技术，对中国1995—2007年的碳排放从产业层面和地区层面进行了分解。结果表明，经济规模总量的扩张是中国碳排放继续高速增长的最主要因素。朱勤等应用LMDI分解方法对中国1980—2007年的能源碳排放进行分解分析，研究结果表明，经济产出效应对我国该阶段能源碳排放的贡献率最大，其他各影响因素按贡献率绝对值大小依次是：能源强度效应，人口规模效应，产业结构效应和能源结构效应。Wang等采用LMDI法对中国1957—2000年间的CO_2排放影响因素进行了分解，研究认为能源强度是减少碳排放的最重要因素。魏一鸣等研究认为中国能源强度和能源结构变化不一定会促进CO_2排放量的下降。胡初枝等对中国1990—2005年的CO_2排放数据进行了SAD分解，认为经济规模和能源强度是两类最主要的因素。徐国泉等基于碳排放恒等式，采用对数平均权重Diveisia分解法，建立了我国人均碳排放量的因素分解模型，对我国1995—2004年间影响人均碳排放量的各种因素进行了分析，认为经济发展对人均碳排放量的贡献率呈指数增长的态势，能源利用效率和能源结构对人均碳排放量的贡献率呈倒"U"形关系。

4. 能源碳排放的空间差异性研究

空间计量经济学因其在处理空间效应问题上的优越性而得到了广泛的应用。包括利用空间计量经济学模型分析城市以及区域经济问题、经济增长与发展的区域协同效应问题、环境与农业问题、房地产问题、就业问题以及其他相关的空间外部性问题等领域。近年来，利用空间计量学对能源消费及其碳排放相关领域也有一些研究，填补了对区域能源消费、碳排放与社会、经济增长的空间相似性或差异研究的空缺。

例如，邹艳芬和陆宇海基于空间自相关回归模型对中国能源利用效率区域特征进行了分析，认为中国省域能源利用效率与地区经济发展之间具有明显的空间依赖性，而且省域能源利用效率和经济发展的空间差异也比较明显，但是，该研究未对省域能源强度进行空间相关性的检验而直接做了空间回归分析，其研究结果的可靠性还有待进一步验证。龙家勇等以全局自相关和局部自相关分析研究我国省域2000—2008年二氧化碳排放量空间差异性。结果显示，中国省域碳排放量在2000—2007年存在空间正相关，且总体上呈减弱趋势，到2008年，呈显著性很弱的负相关。肖黎姗等运用基尼系数和空间自相关的方法，刻画了1990—2007年中国省际碳排放时空分布格局和集聚程度。研究表明，碳总量和碳强度都呈现正的空间自相关性，在局部空间上出现了高值的集聚现象，碳强度的极化现象比碳总量更加严重。赵云泰等采用Theil指数和空间自相关分析方法，研究了1999—2007年国家、区域和省际层面能源碳排放强度特征、区域差异水平和空间格局演变。全局自相关Moran's I从0.19上升至0.25，表明省域之间碳排放强度呈现正相关的空间集聚分布；碳强度的"冷点"区相对稳定，主要集中在东部和南部沿海地区；"热点"区从大西北转至黄河中游和东北地区。陈青青等采用空间经济计量方法，研究我国区域CO_2排放量的β收敛情况。结果表明，1997—2007年，我国区域CO_2排放不存在绝对收敛，但是，控制经济增长速度和保持能源消费结构之后，存在着条件收敛；2002—2007年，我国区域CO_2排放不存在空间相关性，也不存在绝对收敛和条件收敛。吴玉鸣等应用空间计量经济学方法分析2002—2005年中国省域的能源消费及其影响因素。结果发现，我国省域能源消费在空间上存在依赖性，能源消费行为受到本地能源消费和相邻省域的能源消费的共同影响。经济增长对省域能源消费的弹性系数显著为正，人口增长的正向作用也不容忽视，但是，能源价格对能源消费未能起到应有的调节作用（弹性系数不显著为正）。马军杰等基于区域能源消费的需求函数，采用空间统计与空间计量方法模型，就中国省域的经济增长、人口、能源效率等因素对碳排放的影响进行实证分析。结果显示，中国省域二氧化碳排放呈现出明显的空间自相关性。

同时，省域二氧化碳排放存在空间相关性和空间异质性并存的现象。郑长德等采用空间计量经济学的方法对我国各省份的经济增长与碳排放之间的关系进行了实证分析。结果表明，我国各省份的碳排放在空间分布上表现出一定的空间正自相关性，碳排放量最高的省份多处于经济发达的沿海地区。如以北京为中心的环渤海地区，以上海为中心的长三角地区和以广东为核心的珠三角地区。而其次是经济较为发达的地区。我国各省份的碳排放在空间分布上存在一定的空间集群效应。经济增长与碳排放呈现出正相关关系，高碳排放的地区多处于经济发达的沿海地区，而低碳排放的地区多处于经济落后的内陆地区。许海平采用空间计量方法研究我国29个省（区、市）2000—2008年间人均碳排放量与人均收入之间的关系。研究结果表明，我国人均碳排放量和人均收入均表现出明显的空间集群特征，特别是人均收入的空间依赖性表现出加强的趋势。姚奕等基于1996—2008年中国各地区面板数据，首先计算了碳强度，通过Moran's I的计算和检验发现，我国各地区的碳强度存在着显著的空间相关性；然后利用空间面板计量模型分析了外商直接投资（foreign direct investment，FDI）对碳强度的影响，结果表明，FDI能有效地降低我国各地区的碳强度。

综合上述分析，对能源碳排放估算方法研究、能源碳排放与经济发展之间的关系这两个方向的研究，国内外开展得比较早也比较多，而且研究方法相对成熟；而能源碳排放影响因素研究和能源碳排放区域差异研究这两方面目前正处于广泛研究中，具有更多可深入研究的空间和潜力。

第四节 研究目标、内容及整体框架

一、研究目标

（1）通过系统梳理1995年以来广东省能源消费的"家底"（包括能源平衡、能源消费总量、能源人均消费量、能源种类结构、能源消费的产业结构等）及其变化情况，明确广东省能源消费在全国的地位和作用。

（2）整理分析现有的关于能源消费产生的碳排放的核算方法、碳排放影响因素分析方法、脱钩分析方法、空间计量经济学分析方法等，并在此基础上对一些方法和公式进行改进、扩展和应用，探索建立一套适应不同空间尺度、不同数据需求的碳排放核算、碳排放时、空间演变及形成机制的分析方法，供相关研究人员和学者参考。

（3）对广东省能源碳排放空间格局及其形成机制的研究方面，用到地理学上的空间分析、空间计量的方法，为后续开展空间模拟和空间决策研究打下坚实的基础。

（4）希望本书的研究结果可以为广东省低碳经济发展的路径选择、实现区域协调发展提供理论依据。

二、研究内容及整体构架

本书的主要研究内容及整体构架如图1-5所示。

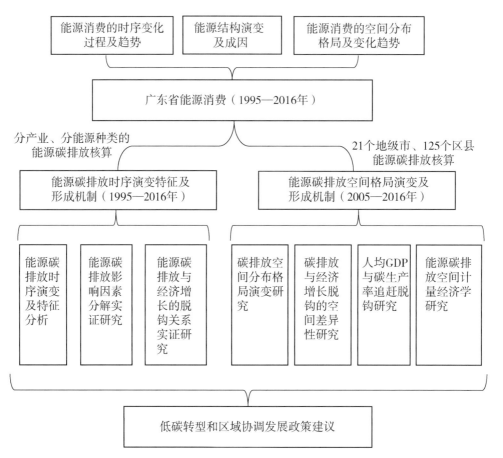

图1-5 主要研究内容及整体框架结构

本文研究内容主要分为四大部分：

第一部分（第一章）：简要介绍应对气候变化的国际国内形势、碳排放国内外研究现状、本书研究内容及意义等。

第二部分（第二、三、四、五章）：进行碳排放时序演变及形成机制的研究（主要为角度维度），主要包括能源及其碳排放时间序列的演变规律、关键影响因素、能源碳排与经济增长之间的脱钩关系等。

第三部分（第六、七、八、九章）（尺度和角度维度相结合、尺度维度为主）：进行碳排放空间格局及影响因素的研究，主要包括碳排放不同空间尺度的分布格局演变、关键碳排放指标与经济发展的脱钩关系差异化研究、21个地级市之间碳生产率与人均GDP的追赶脱钩研究、碳排放在不同空间尺度下的集聚和异质性研究。

第四部分（第十章）：根据本书研究结果，提出广东省进行低碳转型的差异化、针对性的碳减排政策建议，包括关键行业、关键因素和关键地区的碳减排政策建议。

第二章 广东省能源消费时空演变过程研究

第一节 广东省能源自给率现状分析

1995—2016年，全国能源生产量和消费量均呈逐年上升趋势，分别从1995年的129034万吨标准煤和131176万吨标准煤增加到2016年的346000万吨标准煤和43600万吨标准煤（见表2-1）。特别是进入21世纪以来，能源生产和消费分别以年均5.9%和7%的速度快速增长。随着全国对能源需求的增加，能源生产短缺的问题日益严重。能源自给率逐年下降，从1995年的98.37%下降到2016年的79.36%，能源生产缺口由1995年的2142万吨标准煤增加到2016年的90000万吨标准煤，年均递增16%。

表2-1 1995—2016年全国以及广东能源生产量和消费量变化

年份	全国能源（万吨标准煤）				广东能源（万吨标准煤）				广东占全国百分比（%）	
	能源生产总量	能源消费总量	生产缺口	能源自给率/%	能源生产总量	能源消费总量	生产缺口	能源自给率/%	能源生产总量	能源消费总量
1995	129034	131176	2142	98.37	2623	7345	4722	35.71	2.03	5.60
1996	133032	135192	2160	98.40	3758	7746	3988	48.52	2.82	5.73
1997	133460	135909	2449	98.20	4079	7953	3874	51.29	3.06	5.85
1998	129834	136184	6350	95.34	3914	8376	4462	46.73	3.01	6.15
1999	131935	140569	8634	93.86	3509	8735	5226	40.17	2.66	6.21
2000	138570	146964	8394	94.29	3712	9448	5736	39.29	2.68	6.43
2001	147425	155547	8122	94.78	3408	10179	6771	33.48	2.31	6.54
2002	156277	169577	13300	92.16	3628	11355	7727	31.95	2.32	6.70
2003	178299	197083	18784	90.47	4089	13099	9010	31.22	2.29	6.65
2004	206108	230281	24173	89.50	4851	15210	10359	31.89	2.35	6.60
2005	229037	261369	32332	87.63	4525	17921	13396	25.25	1.98	6.86
2006	244763	286467	41704	85.44	4160	19971	15811	20.83	1.70	6.97
2007	264173	311442	47269	84.82	3924	22217	18293	17.66	1.49	7.13
2008	277419	320611	43192	86.53	4415	23476	19061	18.81	1.59	7.32

续上表

年份	全国能源（万吨标准煤）				广东能源（万吨标准煤）				广东占全国百分比（%）	
	能源生产总量	能源消费总量	生产缺口	能源自给率/%	能源生产总量	能源消费总量	生产缺口	能源自给率/%	能源生产总量	能源消费总量
2009	286092	336126	50034	85.11	4392	24654	20262	17.81	1.54	7.33
2010	312125	360648	48523	86.55	4858	27195	22337	17.86	1.56	7.54
2011	340178	387043	46865	87.89	4847	28480	23633	17.02	1.42	7.36
2012	351041	402138	51097	87.29	5089	29144	24055	17.46	1.45	7.25
2013	358784	416913	58129	86.06	5365	28480	23115	18.84	1.50	6.83
2014	361866	425806	63940	84.98	5595	29593	23998	18.91	1.55	6.95
2015	361476	429905	68429	84.08	6863	30145	23282	22.77	1.90	7.01
2016	346000	43600	90000	79.36	7138	31241	24103	22.85	2.06	7.17

注：数据来源于 2017 年《中国统计年鉴》、1996—2017 年《广东统计年鉴》和《广东能源统计资料（2001—2010）》。

在此期间，广东能源生产和消费量的变化趋势与全国类似，能源生产和消费量分别从 1995 年的 2623 万吨标准煤和 7345 万吨标准煤增加到 2016 年的 7138 万吨标准煤和 31241 万吨标准煤。广东省是我国能源消费大省，但由于本省能源资源匮乏，可开采的常规能源量较少，太阳能、风能和地热能等清洁能源的开发技术还不成熟，致使广东能源生产能力低。1995 年以来，能源自给率不升反降，一度下降到 20% 以下，广东能源生产量占全国能源生产量的比重在 2% 左右。而能源消费量占全国能源消费总量的比重则从 1995 年的 5.60% 上升到 2016 年的 7.17%。如此低、弱的生产能力难以满足全省浩大的能源消费需求量，广东省能源生产缺口逐年加大，从 1995 年的 4722 万吨标准煤增加到 2016 年的 24103 万吨标准煤，能源安全存在较大的风险。

第二节 广东省能源进出口格局变化分析

1995—2016 年，广东能源平衡总体呈现"大进大出"的基本格局。广东外来能源总量（包括外省调入量和国外进口量）呈逐年上升趋势，从 1995 年的 5868 万吨标准煤增加到 2016 年的 20688 万吨标准煤。其中，外省调入量占外来能源总量的 70% 左右。在此期间，广东向外输出能源总量（包括本省调出量和向国外出口量）从 1995 年的 1118 万吨标准煤增加到 2016 年的 2979 万吨标准煤。其中，本省调出量占能源输出总量的比例在 1995—2003 年期间呈上升趋势，2003 年之后开始下降；向国外出口量所占比例则开始增加，至 2016 年，向国外出口量占能源输出总量的比例已经达到 50%。见表 2-2。

表2-2 1995—2016年广东能源进口、出口量变化

单位：万吨标准煤

年份	外省调入量	国外进口量	总计	本省调出量	向国外出口量	总计	净进口量
1995	4293	1575	5868	609	509	1118	4750
1996	4006	2355	6361	875	1333	2208	4153
1997	3640	3065	6705	1172	1672	2844	3861
1998	4236	2954	7190	1056	1675	2731	4459
1999	4755	2668	7423	1478	960	2438	4985
2000	5628	2757	8385	1599	980	2579	5806
2001	5944	3663	9607	2148	876	3024	6583
2002	6678	4211	10889	2206	1023	3229	7660
2003	7547	4742	12289	2708	721	3429	8860
2004	8646	5325	13971	2989	919	3908	10063
2005	10055	4586	14641	1066	543	1609	13032
2006	12905	5038	17943	1434	1022	2456	15487
2007	16676	5292	21968	3396	833	4229	17739
2008	17042	5116	22158	2007	1405	3412	18746
2009	16150	7401	23551	1624	1682	3306	20245
2010	16910	8112	25022	1295	1700	2995	22027
2011	18406	7504	25910	731	1203	1934	23976
2012	17527	8242	25769	839	821	1661	24108
2013	17343	8580	25923	1437	1357	2794	23129
2014	19278	8938	28216	1512	2390	3902	24314
2015	20772	6740	27512	2393	1379	3771	23740
2016	20688	6352	27040	1475	1504	2979	24061

注：数据来源于1996—2017年《广东统计年鉴》和《广东能源统计资料（2001—2010）》。

第三节 广东省能源消费结构变化分析

广东省各类能源消费量见表2-3，1995—2016年，原煤和石油制品在广东能源消费总量中占主导地位。其中，原煤消费量呈逐年上升趋势，从1995年的3453万吨标准煤增加到2011年的12196万吨标准煤，年均递增8.21%。2011年之后开始呈现下降趋势，从12196万吨标准煤下降到2016年的10703万吨标准煤。石油制品中的柴油消费量也呈逐年上升趋势，从1995年的870万吨标准煤增加到2016年的2404

第二章 广东省能源消费时空演变过程研究

表2-3 1995—2016年广东分品种能源消费量

单位：万吨标准煤

年份	原煤	洗精煤	其他洗煤	型煤	焦炭	焦炉煤气	其他煤气	其他焦化产品	原油	汽油	煤油	柴油	燃料油	液化石油气	炼厂干气	其他石油制品	天然气	总计
1995	3453	3	0	0	128	13	19	0	28	414	82	870	912	320	56	204	14	6515
1996	3543	1	0	22	135	9	19	3	40	387	83	873	1032	498	70	224	12	6950
1997	3540	1	0	26	154	13	19	1	29	386	95	796	1023	502	79	431	26	7122
1998	3542	9	1	22	154	9	17	1	47	415	97	941	1183	521	76	435	27	7495
1999	3683	6	0	21	159	10	87	1	51	424	99	1111	1244	536	83	467	23	8005
2000	4137	5	0	17	141	10	63	2	49	442	131	1115	1335	546	104	297	19	8413
2001	4256	6	0	18	168	10	70	2	30	477	141	1187	1473	615	111	346	0	8909
2002	4652	10	0	19	172	10	73	1	24	506	151	1234	1641	667	115	393	0	9665
2003	5552	24	0	19	221	10	85	1	37	550	175	1361	1765	768	113	488	17	11186
2004	6093	14	6	22	268	34	199	3	32	657	192	1489	2177	866	105	528	22	12705
2005	6865	18	4	25	290	27	228	3	25	1039	226	1904	2275	1044	106	639	31	14747
2006	7683	15	4	144	287	25	306	3	141	1135	232	1993	2243	923	131	830	174	16270
2007	8602	18	4	289	431	20	312	2	30	1233	252	2096	1881	1038	135	1161	588	18090
2008	9028	18	5	323	425	24	328	6	28	1305	269	2213	1539	1092	128	1184	680	18595
2009	8913	378	5	338	441	24	329	10	29	1408	283	2285	1279	1119	127	1223	1474	19663
2010	10310	815	5	246	472	38	117	11	25	1595	297	2420	924	1089	129	397	1251	20140
2011	12196	668	5	236	536	41	925	10	24	1772	318	2175	719	1196	132	419	1457	22829
2012	11598	737	1	233	530	38	1170	11	23	1846	358	2244	621	1090	118	313	871	21802
2013	11349	579	6	221	567	35	1370	10	30	1574	382	2240	622	920	146	320	1135	21504

续上表

年份	原煤	洗精煤	其他洗煤	型煤	焦炭	焦炉煤气	其他煤气	其他焦化产品	原油	汽油	煤油	柴油	燃料油	液化石油气	炼厂干气	其他石油制品	天然气	总计
2014	11230	585	6	209	542	38	1348	0	30	1633	394	2283	598	1004	174	207	1303	21587
2015	10880	585	7	195	527	50	1360	7	33	1805	403	2306	575	1158	167	340	1471	21869
2016	10737	0	13	220	760	108	1879	7	33	2207	430	2435	653	85	108	151	2020	21847

注：能源消费数据根据1996—2017年《中国能源统计年鉴》中的"广东省能源平衡表（实物量）"与各种能源的标准煤转换系数换算而来，由于能源统计种类有限，且有些行业的能源消费量较少，被忽略不计，因此，统计出的能源消费总量与官方统计数据有差距。

万吨标准煤。燃料油的消费量先增后减，从 1995 年的 912 万吨标准煤增加到 2005 年的 2275 万吨标准煤，之后逐年下降到 2016 年的 653 万吨标准煤。液化石油气的消费量逐年增加，从 320 万吨标准煤增加到 1196 万吨标准煤，年均增速为 8.59%。随着广东省能源结构的变化和优化，天然气消费从无到有进入生产和生活领域，其消费量逐渐在广东能源中占有一席之地，从 1995 年的 14 万吨标准煤增加到 2016 年的 1850 万吨标准煤，年均增速为 33.93%。

为了更清楚地展示各类能源的消费量变化趋势，下面将表 2-3 中 17 类能源归结为三大类，一类为"煤炭及其制品"类，包括原煤、洗精煤、其他洗煤、型煤、焦炭和其他焦化产品共 6 种；第二类为"石油及其制品"类，包括原油、汽油、煤油、柴油、燃料油、液化石油气和其他石油制品共 7 种；其余 4 种包括焦炉煤气、其他煤气、炼厂干气和天然气归结为第三类"煤气、天然气"类。三大类能源消费量及其所占比重见表 2-4。结合图 2-1 和图 2-2 可以看出，1995—2016 年广东省煤气天然气消费量呈逐年上升趋势，从 102 万吨标准煤增加到 2016 年的 4115 万吨标准煤。能源消费总量、煤炭及其制品消费量、石油及其制品的消费量呈现先上升后下降的趋势，其中，能源消费总量、煤炭及其制品消费量在 2011 年分别达到最大值 22829 万吨标准煤、13651 万吨标准煤，石油及其制品的消费量在 2007 年达到最大值 7691 万吨标准煤。从三类能源所占比例的变化趋势来看，"九五"时期（1995—2000 年），煤炭及其制品所占比例逐年下降，石油及其制品所占比重逐年上升，至 1999 年，两者所占比例几乎相等。"十五"期间（2001—2005 年）两者所占比例几乎保持不变，煤炭及其制品所占比例略高于石油及其制品的比例，说明此阶段，广东的能源消费结构没有进行有效的调整。"十一五"期间，煤炭及其制品所占比重开始逐年增加，石油及其制品所占比重则逐年下降，同时，煤气、天然气的比重有了快速上升，至 2016 年，其比重已经达到 19%。尽管天然气比重增加，但之前以煤炭和石油为主的不合理的能源消费结构并未真正得到优化，因为天然气比重的上升暂时还无法抵消煤炭及其制品比重上升带来的一系列环境问题和能源问题。

表 2-4　1995—2016 年广东分品种能源消费量及所占比重

年　份	能源消费量（万吨标准煤）				所占比重（%）		
	煤炭及其制品	石油及其制品	煤气、天然气	能源消费总量	煤炭及其制品	石油及其制品	煤气、天然气
1995	3584	2830	102	6516	55	43	2
1996	3704	3137	110	6951	53	45	2
1997	3722	3262	137	7121	52	46	2
1998	3729	3639	129	7497	50	49	2
1999	3870	3932	203	8005	48	49	3
2000	4302	3915	196	8413	51	47	2

续上表

年份	能源消费量（万吨标准煤）				所占比重（%）		
	煤炭及其制品	石油及其制品	煤气、天然气	能源消费总量	煤炭及其制品	石油及其制品	煤气、天然气
2001	4450	4269	191	8910	50	48	2
2002	4854	4616	198	9668	50	48	2
2003	5817	5144	225	11186	52	46	2
2004	6406	5941	360	12707	50	47	3
2005	7205	7152	392	14749	49	48	3
2006	8136	7497	636	16269	50	46	4
2007	9346	7691	1055	18092	52	43	6
2008	9805	7630	1160	18595	53	41	6
2009	10085	7626	1954	19665	51	39	10
2010	11859	6747	1535	20141	59	33	8
2011	13651	6623	2555	22829	60	29	11
2012	13110	6495	2197	21802	60	30	10
2013	12732	6088	2686	21506	59	28	12
2014	12572	6149	2863	21584	58	28	13
2015	12201	6620	3048	21869	56	30	14
2016	11737	5994	4115	21846	54	27	19

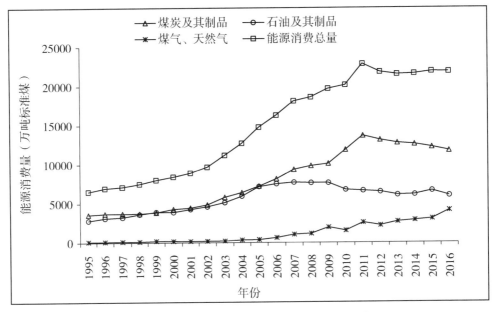

图 2-1 1995—2016 年广东分品种能源消费量变化

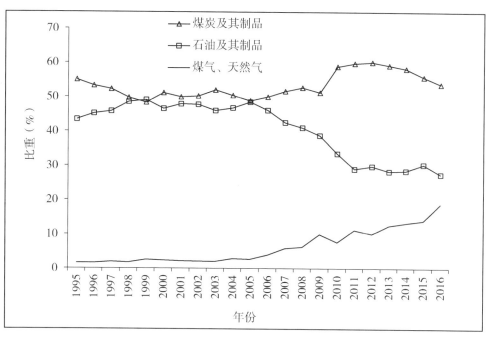

图 2-2 1995—2016 年广东分品种能源所占比重的变化

第四节 广东省能源消费的产业结构变化分析

1995—2016 年,广东三次产业和生活能源消费中,第一产业能源消费量基本保持在 200 万吨标准煤上下;第二产业能源消费量逐年上升,在 2011 年达到峰值 17736 万吨标准煤,之后逐年下降,2016 年为 16051 万吨标准煤;第三产业和生活能源消费量分别从 1995 年的 681 万吨标准煤和 559 万吨标准煤增加到 2016 年的 4204 万吨标准煤和 1350 万吨标准煤(见表 2-5)。

表 2-5 1995—2016 年广东分行业能源消费量

单位:万吨标准煤

年份	第一产业	第二产业			第三产业				生活	总计
		合计	工业	建筑业	合计	交通运输、仓储和邮政业	批发、零售业和住宿、餐饮业	其他		
1995	226	5049	4994	55	681	533	101	47	559	6516
1996	228	5389	5368	22	692	564	100	27	642	6951
1997	191	5657	5638	19	641	530	91	20	633	7121

续上表

年份	第一产业	第二产业			第三产业				生活	总计
		合计	工业	建筑业	合计	交通运输、仓储和邮政业	批发、零售业和住宿、餐饮业	其他		
1998	231	5911	5890	21	752	641	89	22	602	7497
1999	192	6297	6274	22	881	778	99	4	617	8005
2000	224	6554	6528	25	1028	896	106	27	607	8413
2001	245	6898	6871	27	1113	971	113	29	654	8910
2002	192	7617	7588	28	1221	1053	135	33	661	9668
2003	191	8913	8877	35	1337	1175	125	36	745	11186
2004	209	10181	10138	42	1538	1352	144	42	778	12707
2005	240	11383	11313	69	2137	1815	249	73	987	14749
2006	209	12820	12745	74	2218	1868	277	73	1023	16269
2007	185	14282	14200	82	2458	2059	316	82	1166	18092
2008	190	14580	14505	75	2596	2219	301	75	1228	18595
2009	191	15365	15279	87	2822	2326	415	81	1284	19665
2010	189	15531	15437	94	3108	2572	449	87	1312	20141
2011	195	17736	17637	99	3177	2627	459	92	1720	22829
2012	200	16821	16719	102	3322	2723	506	92	1459	21802
2013	205	16332	16226	106	3394	2635	650	109	1573	21506
2014	211	16287	16179	109	3472	2762	598	112	1616	21584
2015	219	16113	16019	93	3625	2879	622	124	1913	21869
2016	242	16051	15935	116	4204	3121	654	429	1350	21846

注：能源消费数据根据1996—2017年《中国能源统计年鉴》中的"广东省能源平衡表（实物量）"与各种能源的标准煤转换系数换算而来，由于能源统计种类有限，且有些行业的能源消费量较少，被忽略不计，因此，统计出的能源消费总量与官方统计数据有差距。

从所占的比重来看（见图2-3），第一产业、第二产业和生活能源消费所占比重呈逐年下降趋势，第三产业所占比重逐年增加。1995—2011年，第二产业所占比重在78%上下波动，即第二产业能源消费所占比重没有实质性的变化；2011—2016年，第二产业比重有了较明显的下降趋势，说明2011年之后，广东省在调整产业结构方面取得了显著的成效。在第二产业能源消费中，99%的能源消耗来自工业生产，不到1%的能源消耗来自建筑消耗。在第三产业能源消费中，交通运输、仓储和邮政业能源消费量所占比重从1995年的78.25%上升到1999年的88.32%，之后缓慢下降到2016年的74.22%；而批发、零售业和住宿、餐饮业能源消费所占比重的变化趋势则呈现下降－上升－下降的变化过程，从1995年的14.81%下降到2003年的9.38%，之后缓慢上升到2013年的19.16%，后又逐年下降到2016年的15.56%（见图2-4）。

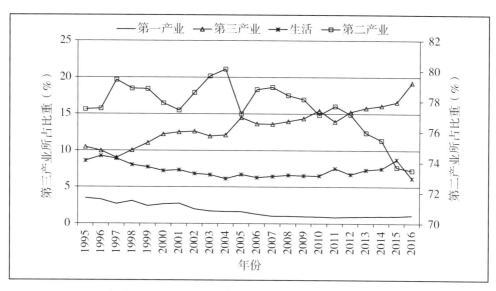

图2-3 1995—2016年广东省产业能源消费所占比重

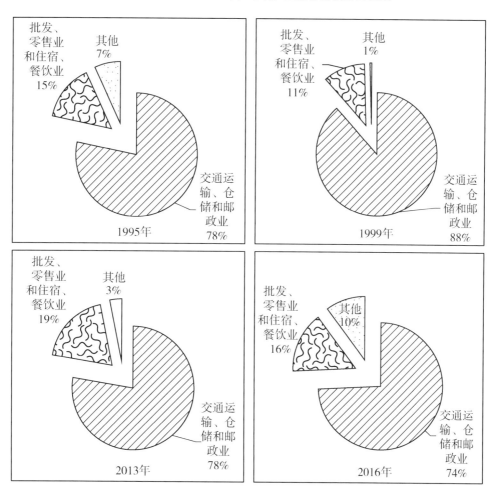

图2-4 第三产业中各行业能源消费所占比重

第五节 广东省单位GDP能耗变化分析

GDP能耗反映能源的利用效率，可以体现出一个国家及地区的经济发展水平、产业结构和技术进步的综合作用。广东省单位GDP能耗较低，在全国各省级行政区域中仅高于北京，说明广东省能源经济、技术在全国处于较高水平。

2005—2016年，广东省及各市单位GDP能耗均呈下降趋势（见表2-6），全省单位GDP能耗从0.85吨标准煤/万元下降到0.49吨标准煤/万元。由于广东省各地市产业结构、技术水平存在差异，区域之间能源单耗也存在较大差异。全省四大区域（珠三角、粤东、粤西、粤北地区）中，经济较发达的珠三角地区能源利用效率明显高于其他区域。珠三角地区的深圳市和粤东地区的汕尾市单位GDP能耗全省最低，2016年这两市单位GDP能耗不到0.5吨标准煤/万元；而粤北地区的韶关市单位GDP能耗全省最高，是深圳市和汕尾市的3倍多。

表2-6 2005—2016年广东21市单位GDP能耗

单位：万吨标准煤/万元

区域	2005年	2006年	2007年	2008年	2009年	2010年	2011年	2012年	2013年	2014年	2015年	2016年
全省	0.85	0.82	0.79	0.75	0.72	0.70	0.61	0.58	0.56	0.53	0.51	0.49
广州	0.78	0.75	0.71	0.68	0.65	0.62	0.53	0.51	0.48	0.46	0.44	0.42
深圳	0.59	0.58	0.56	0.54	0.53	0.51	0.47	0.45	0.43	0.41	0.40	0.38
珠海	0.66	0.64	0.62	0.60	0.58	0.56	0.50	0.48	0.46	0.44	0.42	0.41
汕头	0.69	0.66	0.65	0.63	0.61	0.59	0.52	0.50	0.48	0.46	0.43	0.42
佛山	0.89	0.85	0.81	0.75	0.69	0.66	0.58	0.56	0.53	0.51	0.48	0.45
韶关	2.14	2.04	1.91	1.82	1.74	1.71	1.34	1.28	1.22	1.16	1.07	1.03
河源	0.96	0.90	0.88	0.84	0.81	0.80	0.72	0.67	0.65	0.63	0.61	0.58
梅州	1.43	1.40	1.33	1.28	1.23	1.19	1.00	0.95	0.90	0.87	0.82	0.79
惠州	0.86	0.98	1.02	0.96	0.95	0.89	0.81	0.78	0.75	0.72	0.67	0.66
汕尾	0.58	0.57	0.56	0.56	0.53	0.52	0.48	0.46	0.44	0.43	0.44	0.43
东莞	0.86	0.82	0.78	0.74	0.71	0.69	0.63	0.60	0.57	0.54	0.49	0.47
中山	0.78	0.74	0.70	0.67	0.65	0.64	0.56	0.54	0.51	0.49	0.48	0.46
江门	0.87	0.87	0.83	0.78	0.73	0.72	0.65	0.58	0.56	0.52	0.50	0.48
阳江	0.87	0.80	0.76	0.74	0.71	0.70	0.60	0.58	0.56	0.54	0.52	0.55
湛江	0.74	0.71	0.68	0.66	0.64	0.64	0.55	0.53	0.51	0.49	0.47	0.65
茂名	1.33	1.28	1.26	1.19	1.15	1.10	0.93	0.88	0.84	0.82	0.76	0.74
肇庆	0.99	0.96	0.92	0.89	0.84	0.82	0.67	0.64	0.62	0.59	0.57	0.54

续上表

区域	2005年	2006年	2007年	2008年	2009年	2010年	2011年	2012年	2013年	2014年	2015年	2016年
清远	1.73	1.70	1.63	1.54	1.48	1.45	1.18	1.10	1.07	1.04	0.96	0.92
潮州	1.47	1.42	1.37	1.32	1.27	1.23	1.11	1.05	1.00	0.96	0.90	0.86
揭阳	1.03	0.97	0.94	0.90	0.87	0.86	0.73	0.70	0.67	0.65	0.61	0.58
云浮	1.53	1.44	1.39	1.34	1.29	1.27	1.14	1.06	1.02	0.98	0.96	0.91

注：单位GDP能耗中的GDP按2010年可比价计算。

第六节 广东省能源消费空间分布格局演变分析

鉴于1995—2004年21个地级市的能源数据不太完整，本书中关于能源和碳排放空间分析的数据均采用2005—2016年的数据。

一、基于21个地级市的空间分布

2005—2016年，广东21市能源消费量均呈逐年上升趋势（见图2-5）。广州市能源消费量居全省首位，能源消费量从2005年的4467万吨标准煤增加到2016年的7897万吨标准煤（见表2-7）。其次为深圳市，能源消费量从3104万吨标准煤增加到6402万吨标准煤。佛山、东莞能源消费量分别排名第三、第四，佛山、东莞两市的能源消费量分别从2005年的2354万吨标准煤、1981万吨标准煤增加到2016年的4214万吨标准煤、3197万吨标准煤。能源消费量最少的分别为汕尾、河源和阳江三

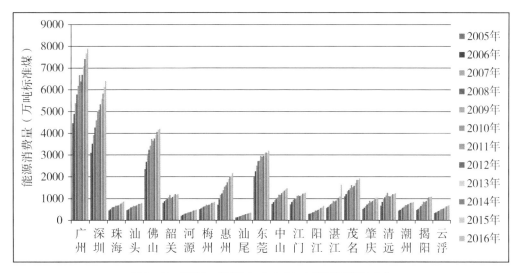

图2-5 2005—2016年广东21市能源消费量变化

市，分别从2005年的122万吨标准煤、204万吨标准煤和292万吨标准煤增加到2011年的353万吨标准煤、486万吨标准煤和673万吨标准煤。由此可见，能源消费量高的地区主要分布在珠三角各区域，能源消费量低的地区主要分布在粤东、粤西、粤北偏远山区，能源消费的空间分布与经济发展水平的空间分布格局基本保持一致，再次说明能源消费是经济发展的基石，能源消费与经济发展水平密切相关。

表2-7 2005—2016年广东省21个地级市能源消费量

单位：吨标准煤

区域	2005年	2006年	2007年	2008年	2009年	2010年	2011年	2012年	2013年	2014年	2015年	2016年
全省	19315	21725	24372	26088	27744	30464	32451	33823	35834	37509	38527	40331
广州	4031	4414	4863	5218	5577	6022	6376	6689	7081	7419	7679	7897
深圳	2936	3325	3712	4043	4350	4742	5074	5333	5593	5820	6132	6402
珠海	419	473	540	570	585	637	678	694	731	773	827	862
汕头	440	470	520	560	596	637	653	683	722	756	764	805
佛山	2157	2458	2802	2970	3135	3422	3642	3758	3933	4070	4167	4214
韶关	721	788	850	895	941	1043	1024	1077	1157	1203	1176	1203
河源	197	235	284	298	315	352	368	384	415	450	467	486
梅州	451	483	518	548	578	638	688	721	764	799	816	844
惠州	688	915	1120	1175	1318	1464	1615	1749	1904	2017	2042	2176
汕尾	119	136	157	183	201	230	248	271	286	308	340	353
东莞	1886	2139	2394	2589	2603	2814	2916	2961	3074	3118	3102	3197
中山	690	763	846	902	954	1070	1168	1248	1319	1370	1427	1479
江门	699	802	888	918	948	1061	1150	1118	1173	1227	1241	1273
阳江	256	266	291	314	339	391	442	478	530	565	588	673
湛江	503	546	603	651	700	797	871	913	982	1037	1096	1636
茂名	983	1078	1195	1243	1320	1441	1515	1589	1724	1858	1858	1934
肇庆	430	477	537	603	653	746	841	888	950	1009	1042	1036
清远	561	712	856	888	964	1067	1118	1095	1152	1205	1203	1246
潮州	415	452	500	541	587	648	701	733	775	808	817	839
揭阳	426	463	528	587	660	772	844	892	976	1059	1071	1088
云浮	308	330	369	392	419	470	520	546	595	636	670	689

二、基于主体功能区的空间分布

2005—2016年，广东省优化开发区、重点开发区、重点生态功能区和农产品主产区四类主体功能区的能源消费量均呈上升趋势，其中，优化开发区的能源消费量最大，从 2005 年的 12852 万吨标准煤增加到 2016 年的 26157.5 万吨标准煤；其次为重点开发区，其能源消费量从 2005 年的 4101.6 万吨标准煤增加到 2016 年的 8864 万吨标准煤；两类生态发展区的能源消费量均较小，其中，农产品主产区的能源消费量略大于重点生态功能区。研究期间，基于主体功能区的能源消费空间分布格局没有发生变化。见图 2-6。

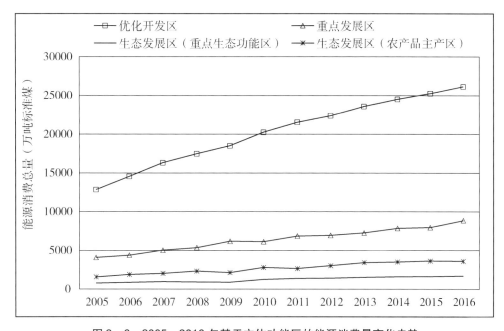

图 2-6 2005—2016 年基于主体功能区的能源消费量变化走势

第三章 广东省产业能源碳排放时序演变趋势

第一节 广东省分产业能源碳排放核算

一、分产业、分能源品种的能源碳排放核算方法

本书将能源分为生产环节的能源消费和生活环节的能源消费两类,具体划分见图3-1。

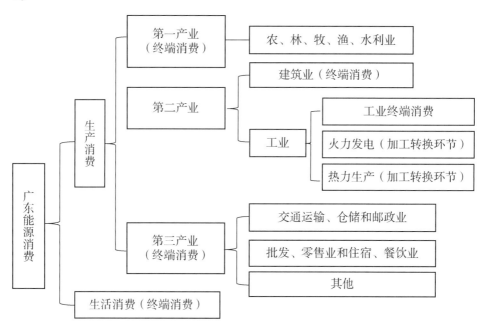

图3-1 广东能源消费的划分示意

注:①由于电力、热力消费本身并不直接产生碳排放,而是在其生产过程中燃料燃烧间接产生碳排放,又因水电、核电、风电等几乎不产生碳排放,因此,本书计算的电力碳排放只包括火力发电产生的碳排放。为了避免重复计算,火电、热力在终端消费环节的间接碳排放不再计入总碳排放,即将电力和热力排放计入生产端。由于数据的可得性和消费量较少等原因,"加工转换"环节中除火力发电和热力生产的能源消费计入碳排放总量,其他行业的能源消耗及其碳排放均不做统计和计算。

②"其他"工业活动及"其他"种类能源产生的碳排放量较少,且统计数据不完整,本书不做计算。

生产环节能源消费指三次产业活动过程中的能源消费。农、林、牧、渔、水利业归属于第一产业，工业和建筑业归属于第二产业，交通运输、仓储和邮政业，批发、零售业和住宿、餐饮业以及其他部门归属于第三产业。其中，第二产业中的工业能源消费包括工业终端能源消费、火电、热力生产能源消费。能源种类以《中国能源统计年鉴》"广东省能源平衡表"所列能源为准，包括原煤、原油、天然气等17类化石能源及其制品。能源碳排放量的估算模型为：

$$C = \sum_i \sum_j G_{ij} = \sum_i \sum_j E_{ij} \times f_j \quad (3-1)$$

式中：C 表示能源消费产生的碳排放量；i 为产业类型，j 为能源类型，$j=1,2,\cdots,17$，C_{ij} 表示第 i 种产业中第 j 类能源产生的碳排放；E_{ij} 为第 i 种产业中第 j 类能源消费量（实物量）；f_j 为 j 类能源的碳排放系数，各类能源的碳排放系数见表3-1。

表3-1 各类能源的碳排放系数

能源类型	净发热值（TJ/10^3t）	碳含量（t/TJ）	碳排放系数（tC/t）	能源类型	净发热值（TJ/10^3t）	碳含量（t/TJ）	碳排放系数（tC/t）
原煤	20.7	26.6	0.55062	原油	42.3	20.0	0.84600
洗精煤	28.2	25.8	0.72756	汽油	44.3	18.9	0.83727
其他洗煤	28.2	25.8	0.72756	煤油	43.8	19.6	0.85848
型煤	20.7	26.6	0.55062	柴油	43.0	20.2	0.8686
焦炭	28.2	29.2	0.82344	燃料油	40.4	21.1	0.85244
焦炉煤气			0.19700	液化石油气	47.3	17.2	0.81356
其他煤气			0.19700	炼厂干气	49.5	15.7	0.77715
其他焦化产品	28.2		0.82344	其他石油制品	40.2	20.0	0.80400
天然气			0.44350	其他能源			0.67000

注：①焦炉煤气、其他煤气和天然气的消费量单位为"万吨标准煤"，天然气碳排放系数采用国家发展和改革委员会能源研究所（2003）的数据，焦炉煤气和其他煤气的碳排放系数根据其发热值与天然气发热值之比推算而来。其他能源碳排放系数来自文献[181]。

②除焦炉煤气、其他煤气和天然气之外，其他能源的消费以实物量计，单位为"万吨"。TJ/10^3t 为净发热值单位，表示太焦耳/10^3吨能源；tC/t 表示单位能源的碳排放量，即碳排放系数。碳排放系数＝净发热值×碳含量。净发热值与碳含量来源于《2006年IPCC国家温室气体排放清单指南》。单位煤炭燃料的碳含量高于油类燃料，但油类燃料的净发热值高出煤炭燃料很多，致使单位实物量煤炭燃料的碳排放系数小于油类燃料。

本节中，只计算了17种能源，工业部门的能源只包括工业终端能源消费、投入产出部门的火力发电和热力生产消耗的能源，投入产出其他部门，如洗选煤、炼焦、炼油及煤制品、制气、煤制品加工等部门由于净能源消耗相对较少，没有列入计算当中。因工业部门能源消费数据来自统计资料中规模以上工业能源消费数据，因此，本章产业部门能源消费数据汇总与全省能源消费数据有一定的差距。

二、数据来源与处理

本节能源碳排放所用能源基础数据来源于 1996—2017 年《中国能源统计年鉴》、1996—2017 年《广东统计年鉴》和《广东能源统计资料（2001—2010）》；GDP 数据来自 1996—2017 年《中国统计年鉴》和《广东统计年鉴》；本书用到的国内生产总值（GDP）采用 2010 年为基准年的不变价。

国内生产总值是一个价值量指标，其价值的变化受价格变化和物量变化两大因素影响。不变价国内生产总值是把按当期价格计算的国内生产总值换算成按某个固定期（基期）价格计算的价值，从而使两个不同时期的价值进行比较时，能够剔除价格变化的影响，以反映物量变化，反映生产活动成果的实际变动。

例如，以 2010 年为不变价的 GDP 的计算方法见图 3-2。

$$GDP_{(2010-j)}(不变价) = GDP_0 \cdot 10^{2j}/(IGDP_{(2010)} \cdot IGDP_{(2010-1)} \cdot IGDP_{(2010-2)} \cdots \cdot IGDP_{(2010-j+1)})$$

$$\cdots$$

$$GDP_{(2010-1)}(不变价) = GDP_{2009}(不变价) = GDP_0 \cdot 10^2 / IGDP_{(2010)}$$

令 $GDP_0 = GDP_{2010}$（不变价）$= GDP_{2010}$（当年价）

$$GDP_{(2010+1)}(不变价) = GDP_{2011}(不变价) = GDP_0 \cdot IGDP_{(2010+1)}/10^2$$

$$\cdots$$

$$GDP_{(2010+j)}(不变价) = GDP_0 \cdot IGDP_{(2010+1)} \cdot IGDP_{(2010+2)} \cdots \cdot IGDP_{(2010+j)}/10^{2j}$$

图 3-2 不变价 GDP 换算方法

第二节 广东省产业能源碳排放时序演变趋势研究

一、产业能源碳排放总量变化

广东省生产和生活能源消费产生的碳排放量核算结果见表 3-2。1995—2016 年，广东省生产和生活能源碳排放总量呈先上升后下降的趋势（见图 3-3），碳排放总量从 1995 年的 4452 万吨标准煤增长至 2011 年的 15259 万吨标准煤，年均增长 8%，之后逐年下降到 2016 年的 13972 万吨标准煤。按中国内地省（区、市）级碳排放规模分类来看[①]，1995—2005 年，广东处于重碳排放型行列，2006 年开始，上升为超重碳排放型行列。

---

① 中国内地省（区、市）碳排放规模分类标准如下：第一类为超重碳排放型，其碳排放规模超过 1×10^8 吨/年；第二类为重碳排放型，其碳排放规模为 $(3000 \sim 9999) \times 10^4$ 吨/年；第三类为一般碳排放型，其碳排放规模为 $(1000 \sim 2999) \times 10^4$ 吨/年；第四类为轻碳排放型，其碳排放规模等于或小于 999×10^4 吨/年。

第三章 广东省产业能源碳排放时序演变趋势

表3-2 1995—2016年广东省分行业能源碳排放核算结果

单位：万吨

年份	第一产业	生产能源碳排放 第二产业						第三产业				生活能源碳排放			能源碳排放总量	分类
		小计	工业小计	终端工业	火力发电	热力生产	建筑业	小计	交通运输业	批发零售业	其他	小计	城镇	乡村		
1995	146	3580	3547	1857	1588	102	33	403	313	62	29	324	220	103	4452	重型
1996	146	3811	3798	1907	1790	102	13	406	331	59	16	349	233	115	4713	重型
1997	118	3987	3976	2090	1785	101	11	375	311	53	12	338	226	112	4819	重型
1998	146	4135	4122	2112	1883	127	12	447	383	52	12	316	219	97	5043	重型
1999	120	4375	4361	2096	2142	123	13	517	458	57	3	320	221	99	5331	重型
2000	141	4611	4596	1990	2489	117	15	601	526	59	16	308	219	89	5661	重型
2001	156	4840	4824	2087	2605	133	16	649	570	63	17	331	235	97	5976	重型
2002	120	5338	5321	2206	2944	170	17	710	615	76	19	332	242	91	6500	重型
2003	119	6277	6256	3018	3055	183	21	781	689	71	21	373	263	110	7550	重型
2004	131	7081	7055	2742	4195	119	25	898	793	81	24	392	282	110	8502	重型
2005	151	7919	7879	3266	4497	116	40	1242	1059	142	41	504	349	155	9816	重型
2006	132	8905	8862	3959	4754	149	44	1288	1088	158	41	522	379	143	10847	超重型
2007	117	9949	9901	4414	5289	197	48	1428	1199	181	47	588	436	152	12081	超重型
2008	120	10189	10145	4882	5094	169	44	1508	1293	172	43	616	387	173	12433	超重型
2009	121	10612	10561	5355	4980	226	51	1628	1355	228	46	646	460	186	13007	超重型
2010	119	11147	11093	4838	5878	377	55	1794	1495	250	48	656	452	204	13716	超重型

续上表

年份	第一产业	生产能源碳排放										生活能源碳排放			能源碳排放总量	分类
		小计	第二产业						第三产业			小计	城镇	乡村		
			工业小计	终端工业	火力发电	热力生产	建筑业	小计	交通运输业	批发零售业	其他					
2011	123	12435	12377	4978	7002	398	58	1838	1536	250	52	862	566	282	15259	超重型
2012	126	11736	11677	4776	6447	453	60	1922	1595	274	53	765	485	280	14549	超重型
2013	129	11307	11244	4071	6640	533	62	1978	1539	377	62	805	556	249	14218	超重型
2014	133	11240	11177	4291	6318	568	64	2009	1612	333	64	822	567	255	14203	超重型
2015	137	11048	10994	4309	6097	588	54	2096	1679	346	71	969	658	311	14251	超重型
2016	151	10689	10623	3775	6026	822	66	2409	1832	368	209	723	513	210	13972	超重型

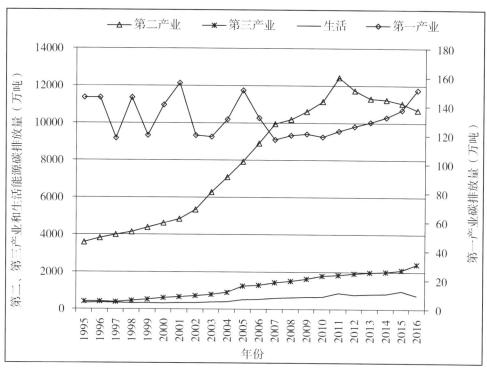

图 3-3 1995—2016 年各产业广东能源碳排放变化趋势

三次产业中,第二产业为绝对的第一大碳排放源,其碳排放量的变化趋势与碳排放总量的变化趋势相同,即呈现先上升后下降的趋势,从 1995 年的 3580 万吨增长至 2011 年的 12435 万吨,之后逐年下降到 2016 年的 10689 万吨。1995—2011 年,第二产业碳排放在产业碳排放总量中的比例在 82% 上下波动,2012 年开始逐年下降到 2016 年的 76.5%。尽管第二产业所占比重有所下降,但对碳排放总量的影响仍然具有决定性作用。第三产业为第二大碳排放源,尽管如此,其碳排放量与第二产业相差甚远。研究期间,第三产业碳排放量所占比重总体呈上升趋势,至 2016 年其在碳排放总量中的比例达到 17%。生活能源碳排放总体呈缓慢上升趋势,从 1995 年的 324 万吨增加到 2015 年的 969 万吨,2016 年碳排放骤减到 723 万吨。第一产业碳排放量最少,1995—2007 年第一产业碳排放量总体呈小幅波动变化趋势,2008 年以来,碳排放量呈稳定地逐年增加的趋势,占碳排放总量的比例也呈下降趋势。

二、产业能源碳排放结构变化

从产业碳排放结构来看(见表 3-2),广东省碳排放的产业结构与经济总量产业结构一致,均为第二产业碳排放量最大,第三产业次之,第一产业最小,即 2-3-1 结构(见图 3-4)。在第二产业能源碳排放中,工业终端消费与火力发电为碳排放的主要贡献者(见图 3-5),1995—2008 年两者碳排放占工业碳排放总量的 97% 左右,2009 年以来,所占比例缓慢下降到 92%。1995—1999 年火力发电能源消费产生的碳

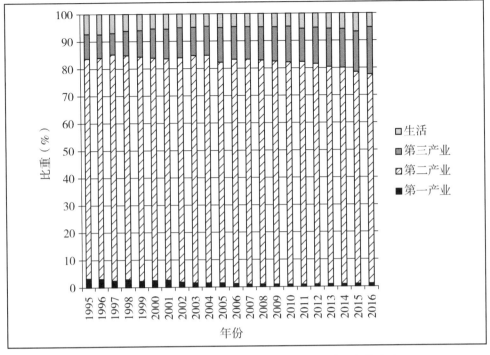

图3-4 1995—2016年广东各产业能源碳排放所占的比重

排放量略低于工业终端能源消费产生的碳排放量。2000—2016年,火力发电碳排放量高于工业终端消费碳排放,成为工业部门第一大碳排放源,说明火力发电在工业能源碳排放中比工业终端消费占有更显著的地位,火电行业具有高能耗、高排放的行业特征越发明显。见图3-6。

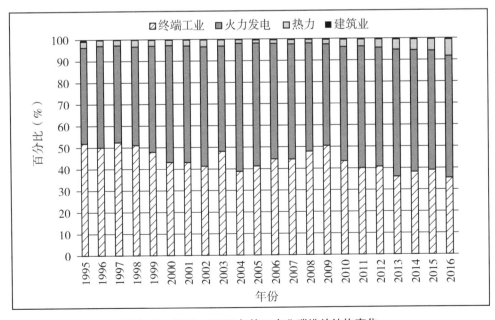

图3-5 1995—2016年第二产业碳排放结构变化

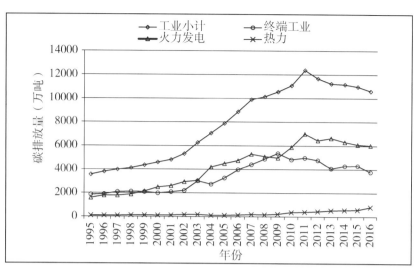

图3-6 1995—2016年工业部门碳排放变化趋势

第二产业中的建材工业是传统的高能耗行业,根据联合国环境规划署2009年发布的《建筑与气候变化》报告,建筑行业每年的能耗占全球总能耗的40%,由此产生的温室气体排放占全球温室气体排放总量的30%。建筑业的能耗发生在五个阶段:建筑材料及构件的生产能耗、将材料从生产厂家运至建筑工地的能耗、建筑物建设过程中的能耗、建筑物运营阶段的能耗以及建筑物拆除和部分构件循环利用过程中的能耗。由于统计口径、核算范围和方法的不同,本书中建筑业的能源消费是指终端能源消费量,其统计的数据只是建筑能耗中的一小部分,即终端能源部分,因此,本书中的建筑能源碳排放量较少。

第三产业碳排放主要来源于交通运输碳排放,其在第三产业碳排放总量中的比重保持在85%左右(见图3-7)。

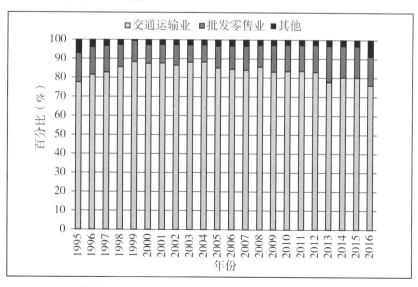

图3-7 1995—2016年第三产业碳排放结构变化

综上所述，在广东省碳减排中，第二产业无疑是减排的重点，而工业则是减排的重中之重；同时，第三产业中交通运输、仓储和邮政业的碳减排也不容忽视。

三、火电生产能源碳排放变化

1995—2016年广东省电力生产总量从821.06亿千瓦时逐年增加到4264亿千瓦时，年均增长16.16%（见表3-3）。火电生产量从583.62亿千瓦时增加到2971.7亿千瓦时，年均增长15.95%。火力发电碳排放逐年增加，从1995年的1588万吨增加到2016年的6026万吨，占产业能源碳排放总量的比例从1995年的35.67%逐年增加到2016年的43.13%。

表3-3　1995—2012年广东省GDP、能源消费、碳排放、能源强度和碳排放强度

年　份	火电产量（亿千瓦时）	火力发电碳排放（万吨）	电力生产总量（亿千瓦时）	火电生产平均碳排放系数（吨/万千瓦时）	电力生产平均碳排放系数（吨/万千瓦时）	火电比例（%）
1995	583.62	1588	821.06	2.64	1.88	71.08
1996	659.63	1790	908.66	2.64	1.92	72.59
1997	702.98	1785	981.15	2.47	1.77	71.65
1998	756.28	1883	1004.37	2.43	1.83	75.30
1999	887.37	2142	1102.53	2.35	1.89	80.48
2000	1049.35	2489	1292.69	2.31	1.87	81.18
2001	1098.91	2605	1351.74	2.31	1.87	81.30
2002	1230.81	2944	1525.53	2.33	1.88	80.68
2003	1417.38	3055	1882.68	2.10	1.58	75.29
2004	1693.89	4195	2141.23	2.41	1.90	79.11
2005	1840.29	4497	2278.59	2.37	1.92	80.76
2006	1987.41	4754	2465.82	2.32	1.87	80.60
2007	2252.46	5289	2731.97	2.28	1.88	82.45
2008	2106.88	5094	2716.25	2.35	1.82	77.57
2009	2142.90	4980	2757.61	2.26	1.76	77.71
2010	2589.93	5878	3237	2.21	1.76	80.01
2011	3052.00	7002	3802	2.23	1.79	80.27
2012	2880.99	6447	3764	2.20	1.68	76.54
2013	2973.41	6640	3875	2.19	1.68	76.73
2014	3019.24	6318	4013	2.07	1.56	75.24

续上表

年 份	火电产量（亿千瓦时）	火力发电碳排放（万吨）	电力生产总量（亿千瓦时）	火电生产平均碳排放系数（吨/万千瓦时）	电力生产平均碳排放系数（吨/万千瓦时）	火电比例（%）
2015	2934.43	6097	4035	2.07	1.51	72.72
2016	2971.70	6026	4264	2.06	1.43	69.69
平均增速或减速/%	15.95	12.89	16.16	-2.23	-2.46	-0.18

火电生产平均碳排放系数是火电碳排放量与火电生产量的比值，该值的大小可以反映火电生产投入能源的结构的变化。电力生产平均碳排放系数是火电碳排放与电力生产总量的比值，该值的变化可以在一定程度上反映电力生产结构的变化。研究期间，火电生产平均碳排放系数在整体上呈逐年下降的趋势（见图3-8），这与火电生产投入的能源结构的优化有关。研究期间，广东省火电生产从"煤炭+石油"的结构向"煤炭+天然气"的结构转换（见图3-9），即使煤炭在能源结构中的比例上升，但低碳排放系数的天然气的应用和火电生产节能减排技术的提高，使得火电生产平均碳排放系数整体上仍然呈现下降趋势。

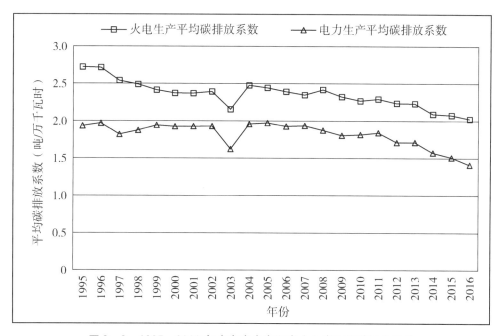

图3-8 1995—2016年广东省火电和电力生产平均碳排放系数

电力生产平均碳排放系数在1995—2005年间没有太大的变化，从2006年开始呈稳定的逐年下降趋势，这与1995—2005年火电生产比例居高不下有关。同时，在这期间，火电生产的能源结构还没有明显的转变。广东省电力生产结构优化，大力发展新能源和可再生能源的效果从 2012 年才开始逐渐显现。

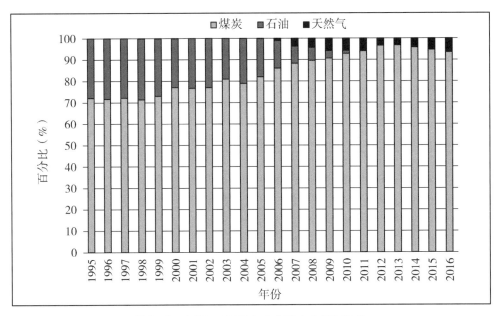

图 3-9　1995—2016 年广东省火电能源结构

第四章 广东省产业能源碳排放影响因素分解实证研究

第一节 方法简介

一、Kaya 恒等式

Kaya 恒等式由日本教授 Yoichi Kaya 于 IPCC 的一次研讨会上首次提出。Kaya 恒等式建立起经济、政策和人口等因素与人类活动产生的 CO_2 之间的联系,表达为式:

$$C = \frac{C}{E} \times \frac{E}{G} \times \frac{G}{P} \times P \qquad (4-1)$$

式中:C、E、G 和 P 分别代表 CO_2 排放量、一次能源消费总量、国内生产总值以及国内人口总量。

Kaya 恒等式结构简单,易于操作,已在能源与环境经济领域得到较为广泛的应用。但因为其考察的变量数目有限,所能得到的研究结果基本仅限于 CO_2 排放与能源、经济及人口在宏观上的量化关系。根据 Kaya 恒等式的建模原理,各种具有个性化的 Kaya 扩展模型得到了比 Kaya 恒等式本身更加广泛的应用。因为研究者可以根据自己的研究重点,在恒等式中分解出自己需要的因子,形成形式多样的分解模型,只要模型中各分解因子有具体意义即可。

二、对数平均迪氏指数法(LMDI)

分解分析作为研究事物的变化特征及其作用机理的一种框架,在环境经济研究中得到越来越多的应用。从碳排放的影响因素分解方法来看,现在被研究人员、研究机构、政策决策者应用的能源消费及二氧化碳排放的分解分析方法很多,但最为常用和通行的分解方法主要有两种(见图 4-1),一种是结构分解方法(SDA),另一种是指数分解方法(IDA)。

1. 结构分解法(SDA)

结构分解法是基于投入产出表对碳排放驱动因素进行定量研究的方法,又被称为投入产出分解法,该方法是目前投入产出技术领域普遍使用的量化分析工具,它在描述因素的时间序列变化方面有着突出的优势,其基本思路是将经济结构中某一重要因素的变动分解成有关自变量各种形式的变动,以测度各自变量对因变量变动贡献的大小。20世纪60年代以来,随着投入产出技术研究向包括经济-环境各个方面的扩展,环境投入-产出(I/O)模型有了较快的发展,虽然不同学者开发的模型之间存在较大差异,但是都具有共同的投入产出方法的普遍基础,即Leontief生产方程。环境投入-产出模型在深入分析一个国家或地区能源消费和碳排放的影响因素时具有重要作用。

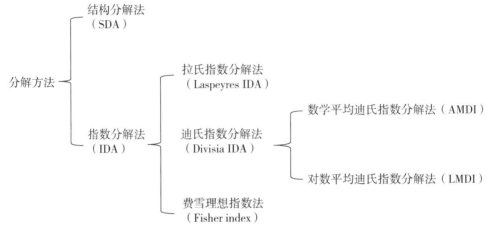

图4-1 分解方法结构

2. 指数分解法(IDA)

由日本教授Yoichi Kaya首次提出的指数分解法(IDA)是国际上能源与环境问题的政策制定中被广泛接受的一种分析方法,其实质是通过数学恒等变形将碳排放的计算公式表示为几个因素指标相乘的形式,并根据不同的确定权重的方法进行分解,以确定各个指标的增量余额。相对于SDA方法需要投入产出表数据作为支撑,IDA方法因只需使用部门加总数据,特别适合分解含有较少因素的、包含时间序列数据的模型。在能源消费和碳排放相关问题的研究中,指数因素分解方法是对研究对象的影响因素进行分析时最常用的分解研究方法。

指数分解法按照分解方式可以分为拉氏指数分解法(Laspeyres IDA)、迪氏指数分解法(Divisia IDA)和费雪理想指数法(Fisher index)等。其中,迪氏指数分解法又分为数学平均迪氏分解法(AMDI)和对数平均迪氏分解法(LMDI)等。B. W. Ang(2004)从理论基础、适应范围、应用便利性、结果表达等方面综合比较因素分解法多种形式的优劣性,得出拉氏指数法中的残差项不能被忽略,因为较大的残差项会影响结果,因此,拉氏指数法以及基于拉氏指数法的IEA模型存在着明显的缺陷。当残差项比较大时,结构变量和(或)能源强度变量存在较大变动(虽然其他因素也可能在起作用),而相比IEA(国际能源署)国家来说,发展中国家结构变量或能源强度变量的变动在一段时间内较为持续,因此,拉氏指数法(包括IEA模型)是否适用于发展中国家进行指数分解分析值得探讨。而迪氏分解方法中的LMDI法能够消除残差项,并可以在加和分解与乘积分解之间建立一定关系。

B. W. Ang（2004）还提出，LMDI 方法具有以下优势：①运用 LMDI 方法进行因素分解所得到的结果较为合理，该结果中不含有不能解释的残差项，从而 LMDI 方法可以使模型结果具有更强的说服力；②利用乘法分解的结果有如下加法特性：$\ln D_{tot} = \ln D_{x1} + \ln D_{x2} + \cdots + \ln D_{xn}$；③加法分解和乘法分解之间存在一个简单的对应关系：对于所有的 k，有 $\dfrac{\Delta V_{tot}}{\ln D_{tot}} = \dfrac{\Delta V_{xk}}{\ln D_{xk}}$，这样运用加法分解或乘法分解得到的结果能够相互转化，所以，人们在研究时可以任意选择其中一种方法；④在 LMDI 方法中，分部门效应加和的结果与总效应是一致的，也就是说，不同的分部门效应总和与各个部门作用于总体水平上获得的总效应是相同的，这一结论在多层次分析中具有重要的价值。

LMDI 的主要缺陷在于无法处理具有 0 值和负值的数据，但 B. W. Ang 等人使用分析极限（analytical limit）0 的技巧成功地解决了这一问题。在实际问题中，一般不会出现负值；而对于 0 值，则可以用一个任意小的数代替（比如 $10^{-10 \sim -20}$）而不会影响计算结果。鉴于以上对因素分解方法优劣势的对比分析，本研究将采用对数平均迪氏分解法（LMDI）对广东省能源碳排放量进行因素分解研究。

第二节 产业能源碳排放因素分解模型构建

近年来，随着广东省经济快速发展，"双转移"政策的大力实施、城市面积扩张、人口规模扩大等因素的影响，广东工业化、城镇化进程加快，能源消费及碳排放量快速增长，对广东省低碳省建设和完成节能减排目标带来了很大的阻碍。本书根据第三章对产业能源消费划分的特点及对碳排放影响因素的关注重点，对 Kaya 模型进行扩展和创新，分别建立具有本书特色的生产、生活能源碳排放扩展模型。采用对数平均迪氏指数法（LMDI）进行加和分解，对分解结果进行详细探讨。

一、生产部门能源碳排放分解模型的构建

近年来，随着我国城镇化进程的加快，城镇化与碳排放的关系问题逐渐成为学者的热点议题。以往对 Kaya 恒等式进行扩展的文献中，还未见将城镇化指标纳入扩展模型中的研究。广东作为我国改革开放的先行省份，其城镇化的发展模式、特点和发展速度在全国均具有典型性。因此，将城镇化指标纳入能源碳排放影响因素分解模型中，探讨广东省城镇化发展对碳排放的量化影响，研究结果将对我国低碳城镇化发展具有重要借鉴意义。

本书对生产能源消费碳排放的 Kaya 基本等式进行扩展，扩展后的表达式为：

$$C = \sum_{i} \sum_{j} \frac{C_{ij}}{PE_{ij}} \times \frac{PE_{ij}}{PE_i} \times \frac{PE_i}{GDP_i} \times \frac{GDP_i}{GDP} \times \frac{GDP}{S} \times \frac{S}{S_u} \times \frac{S_u}{P_u} \times \frac{P_u}{P} \times P \quad (4-2)$$

式中，GDP 表示国内生产总值。i 为产业类型，j 为能源类型，则 C_{ij} 表示第 i 种产业中第 j 种能源产生的碳排放；PE_{ij} 表示第 i 种产业中第 j 种能源的消费量；PE_i 表示第 i 种产业的能源消费量；GDP_i 表示国内生产总值中第 i 种产业的增加值；S 表示土地面积，Su 表示城市建成区面积，Pu 表示非农业人口，P 为户籍人口。

令 $f_{ij} = \dfrac{C_{ij}}{PE_{ij}}$，$m_{ij} = \dfrac{PE_{ij}}{PE_i}$，$d_i = \dfrac{PE_i}{GDP_i}$，$s_i = \dfrac{GDP_i}{GDP}$，$g = \dfrac{GDP}{S}$，$l = \dfrac{S}{S_u}$，$r = \dfrac{S_u}{P_u}$，$h = \dfrac{P_u}{P}$，$p = P$，则生产能源消费碳排放分解模型表达为：

$$C = \sum_i \sum_j f_{ij} \times m_{ij} \times d_i \times s_i \times g \times l \times r \times h \times p \quad (4-3)$$

式中，f_{ij} 表示不同类型的单位能源产生的碳排放量，即能源的碳排放系数；m_{ij} 表示第 j 种能源在第 i 种产业的能源消费中所占比重；d_i 表示第 i 种产业单位 GDP 的能源消费量，即该产业的能源强度；s_i 表示第 i 种产业国内生产总值在 GDP 总量中所占比重；g 表示单位面积 GDP，表征土地经济产出，l 为土地城镇化率的倒数，r 为城市人口密度的倒数，表征城市拥挤程度，h 为非农化率，p 为户籍人口数。

设基期碳排放总量为 C^0，T 期总量为 C^T，用下标 tot 表示总的变化。对 LMDI 方法采用加和分解，将差分分解为：

$$\Delta C_{tot} = C^T - C^0 \quad (4-4)$$

各分解因素对生产能源消费碳排放的贡献值表达式分别为：

$$\Delta C_{f_{ij}} = \sum_i \sum_j \alpha \ln \dfrac{F_{ij}^T}{F_{ij}^0} \quad (4-5)$$

$$\Delta C_{m_{ij}} = \sum_i \sum_j \alpha \ln \dfrac{M_{ij}^T}{M_{ij}^0} \quad (4-6)$$

$$\Delta C_{d_i} = \sum_i \sum_j \alpha \ln \dfrac{D_{ij}^T}{D_{ij}^0} \quad (4-7)$$

$$\Delta C_{s_i} = \sum_i \sum_j \alpha \ln \dfrac{S_{ij}^T}{S_{ij}^0} \quad (4-8)$$

$$\Delta C_g = \sum_i \sum_j \alpha \ln \dfrac{G^T}{G^0} \quad (4-9)$$

$$\Delta C_l = \sum_i \sum_j \alpha \ln \dfrac{L^T}{L^0} \quad (4-10)$$

$$\Delta C_r = \sum_i \sum_j \alpha \ln \dfrac{R^T}{R^0} \quad (4-11)$$

$$\Delta C_h = \sum_i \sum_j \alpha \ln \dfrac{H^T}{H^0} \quad (4-12)$$

$$\Delta C_p = \sum_i \sum_j \alpha \ln \dfrac{P^T}{P^0} \quad (4-13)$$

则生产能源消费总效应可以表示为：

$$\Delta C_{tot} = \Delta C_{f_{ij}} + \Delta C_{m_{ij}} + \Delta C_{d_i} + \Delta C_{s_i} + \Delta C_g + \Delta C_l + \Delta C_r + \Delta C_h + \Delta C_p$$

$$(4-14)$$

其中，$\alpha = \dfrac{C_{ij}^T - C_{ij}^0}{\ln C_{ij}^T - \ln C_{ij}^0}$，$\Delta C_{f_{ij}}$、$\Delta C_{m_{ij}}$、$\Delta C_{d_i}$、$\Delta C_{s_i}$、$\Delta C_g$、$-\Delta C_l$、$-\Delta C_r$、$\Delta C_h$、$\Delta C_p$ 依次为碳排放系数效应、能源消费结构效应、能源强度效应、产业结构效应、土地经济产出效应、土地城镇化效应、城市人口密度效应、人口城镇化效应、人口规模效应。其中，l 为土地城镇化率的倒数，r 为城市人口密度的倒数，因此这里的土地城镇化效应、城市人口密度效应的符号为负。

由于各类能源的碳排放因子在实际应用中一般取常量，因此，在进行分解分析时，$\Delta C_f = \Delta C_{f_{ij}} = \Delta C_{f_j}$ 始终等于 0，可以不作为考量因素。公式 4-14 可简化为：

$$\Delta C_{tot} = \Delta C_{m_{ij}} + \Delta C_{d_i} + \Delta C_{s_i} + \Delta C_g + \Delta C_l + \Delta C_r + \Delta C_h + \Delta C_p$$

(4-15)

二、生活部门能源碳排放分解模型

(1) 生活电力碳排放核算。电力是生活能源的重要组成部分，电力能源消费及其碳排放在本节第一部分已经归入到生产部门，为了避免丢失居民生活电力消费对居民节能减排生活习惯的影响，本节将电力消费从生产能源中剥离出来，按比例分摊到生活电力消费中，对其产生的碳排放同样按比例分摊到生活能源碳排放中，计算公式如下：

生活部门电力碳排放 = 生活电力消费量 * 电力生产平均碳排放系数

1995—2016 年电力生产平均碳排放系数见第三章表 3-3。

(2) 生活部门能源碳排放分解模型。生活能源碳排放不仅与能源消费类型及能源消费结构有关，与人口规模也密切相关。本书建立如下生活能源碳排放分解模型：

$$C = \sum_k \sum_j \dfrac{C_{jk}}{E_{jk}} \times \dfrac{E_{jk}}{E_k} \times \dfrac{E_k}{P_k} \times \dfrac{P_k}{P} \times P = \sum_k \sum_j f_{jk} \times m_{jk} \times q_k \times y_k \times p \quad (4-16)$$

式中，C 为生活能源碳排放，k 为城乡居民类别，$k = 1, 2$，分别代表城镇居民和农村居民。j 为能源类型，C_{jk} 代表 k 类居民 j 类能源的碳排放；E_{jk} 代表 k 类居民 j 类能源消费量。P_k 代表 k 类居民的人口规模，P 为年末常住人口。f_{jk} 代表能源碳排放系数；m_{jk} 代表 j 类能源在 k 类居民能源消费中所占的比重，即能源结构；q_k 是 k 类居民人均能源消费量，即用能水平；y_k 是 k 类居民人口规模所占比例，即人口城乡结构，p 为年末常住人口

各分解因素对生活能源碳排放的贡献值表达式分别为：

$$\Delta C_{f_{jk}} = \sum_k \sum_j \alpha \ln \dfrac{F_{jk}^T}{F_{jk}^0} \qquad (4-17)$$

$$\Delta C_{m_{jk}} = \sum_k \sum_j \alpha \ln \dfrac{M_{jk}^T}{M_{jk}^0} \qquad (4-18)$$

$$\Delta C_{q_k} = \sum_k \sum_j \alpha \ln \dfrac{Q_k^T}{Q_k^0} \qquad (4-19)$$

$$\Delta C_{y_k} = \sum_k \sum_j \alpha \ln \dfrac{U_k^T}{U_k^0} \qquad (4-20)$$

$$\Delta C_p = \sum_k \sum_j \alpha \ln \frac{P^T}{P^0} \quad (4-21)$$

这里，$\alpha = \dfrac{C_{jk}^T - C_{jk}^0}{\ln C_{jk}^T - \ln C_{jk}^0}$，$\Delta C_{f_{jk}}$，$\Delta C_{m_{jk}}$，$\Delta C_{q_k}$，$\Delta C_{y_k}$，$\Delta C_p$ 分别为碳排放因子、能源结构、生活用能水平、城乡结构、人口规模 5 类因素变化所引起的生活能源消费碳排放的变化，即，分别为生活能源消费碳排放的排放因子效应、能源结构效应、用能水平效应和人口规模效应，则，生活能源消费总效应为：

$$\Delta C = C^T - C^0 = \Delta C_{f_{jk}} + \Delta C_{m_{jk}} + \Delta C_{q_k} + \Delta C_{y_k} + \Delta C_p \quad (4-22)$$

三、数据来源与处理

本节计算碳排放所用能源的基础数据详见第二章表 2-3，数据来源于 1996—2017 年《中国能源统计年鉴》中"广东省能源平衡表"。由于电力、热力消费本身并不直接产生碳排放，而是在其生产过程中燃料燃烧间接产生碳排放，又因水电、核电、风电等几乎不产生碳排放，因此，本书计算的电力碳排放只包括火力发电产生的碳排放。为了避免重复计算，火电、热力在消费环节的间接碳排放不再计入总碳排放。但为了突出居民生活电力消费对居民消费习惯和模式的影响，在居民生活能源碳排放分解中，将电力在居民生活消费环节的间接碳排放进行了单独计算，但最终结果会扣除这部分重复计算。

本节所用其他数据来源于 1996—2017 年《广东省统计年鉴》和《中国统计年鉴》。在进行数据处理时，国内生产总值（GDP）采用 2010 年为基准的不变价。国内生产总值是一个价值量指标，其价值的变化受价格变化和物量变化两大因素影响。不变价国内生产总值是把按当期价格计算的国内生产总值换算成按某个固定期（基期）价格计算的价值，从而使两个不同时期的价值进行比较时，能够剔除价格变化的影响，以反映物量变化，反映生产活动成果的实际变动。

表征人口城镇化的指标主要有城市人口比重法和非农业人口比重法，其中，非农业人口比重法在一定程度上体现了人口在经济活动上的结构关系，较准确地把握了城镇化的经济意义和内在动因，比城市人口比重法更具科学性。同时，由于生产能源碳排放模型扩展的需要，本节中的人口采用户籍人口，以非农业人口比重，即非农化率作为人口城镇化指标。

生活能源消费量与人口规模密切相关，因此，本节生活能源碳排放分解模型中的人口采用的是年末常住人口。本节 LMDI 因素分解中以 1995 年为基期。

第三节 结果与讨论

一、生产部门能源碳排放影响因素分解结果与讨论

广东省生产能源碳排放影响因素 LMDI 分解结果见表 4-1 和表 4-2。

研究期间，8 种分解因素对生产能源碳排放总体表现为增排效应，由这 8 种分解因素引起的碳排放从 1996 年的 234.86 万吨增加到 2011 年的 10267.4 万吨，之后减少到 2016 年的 9120.4 万吨，其在能源消费碳排放总量中的比重则从 5.38% 上升到 2011 年的 71.32%，之后下降到 2016 年的 68.84%。表明 1995—2016 年能源碳排放的变化可以从以上分解因素中得到较好的解释。在这 8 种分解因素中，土地经济产出、土地城镇化、人口城镇化和人口规模对碳排放始终表现为增排效应；能源强度始终表现为减排效应；能源消费结构经历了从减排到增排效应的转变，城市人口密度经历了从增排到减排的转变，而产业结构则经历了减排—增排—减排的多次转变。从各分解因素对广东省能源碳排放的贡献值和贡献率的变化情况来看（见表 4-1、表 4-2），土地经济产出的增排贡献最大，为广东省能源碳排放量增加的第一驱动因素，土地城镇化的增排作用仅次于土地经济产出，为能源碳排放量增加的第二驱动因素。能源强度的减排贡献最大，为能源碳排放量增加的第一抑制因素。

1. 土地经济产出效应

土地经济产出其实就等同于经济规模，表征地区平均经济发展水平。1995—2016 年，广东经济保持快速发展，全省 GDP 从 1995 年的 8152.41 亿元（2010 年不变价，下同）增至 2016 年的 74363.74 亿元，年均增长 11.1%。表 4-1 和图 4-2 表明，1996—2016 年，土地经济产出对广东省能源碳排放表现为增排效应，其贡献量从 1996 年的 453.27 万吨增加至 2016 年的 17092.06 万吨，而其贡献率在经历了 1997 年的峰值点（260.49%）后至 2007 年的 10 年间一直保持下降趋势，2008 年开始缓慢上升。这表明，1996—2007 年，土地经济产出对能源碳排放的增排量逐年增加，但增排强度总体上呈减弱趋势，说明 1997—1998 年的亚洲金融危机对土地经济产出及碳排放均有一定程度的影响。2008 年之后，广东经济的快速发展对能源碳排放的影响力在增强，能源是经济发展的推动力，因此，在经济的高速发展过程中，能源消耗和碳排放是不可避免的。如何正确处理经济发展与能源消费之间的互动关系仍然是我们面临的一大难题，我们对此还需要做更深入的研究。

2. 能源结构效应

1996—2006 年，能源结构效应对碳排放表现为减排效应（见图 4-3）；2007—2016 年，能源结构对碳排放的效应由减排转变为增排。增排又分为两个阶段，2007—2010 年为增排量上升阶段，增排量逐年增加，从 8.26 万吨增加到 445.98 万吨；2011—2016 年为增排量下降阶段，增排量至 2016 年下降到 138.78 万吨。贡献率

表4-1 广东省生产能源碳排放LMDI分解结果（贡献值）

基期：1995年，单位：万吨

年份	能源结构效应 (ΔC_m)	能源强度效应 (ΔC_i)	产业结构效应 (ΔC_s)	土地经济产出 (ΔC_g)	土地城镇化效应 ($-\Delta C_l$)	城市人口密度效应 ($-\Delta C_r$)	人口城镇化效应 (ΔC_h)	人口规模效应 (ΔC_p)	总效应 (ΔC_{tot})
1996	-13.79	-173.73	-31.52	453.27	62.47	85.96	81.41	67.64	234.86
1997	-32.15	-448.17	-83.09	915.37	137.53	144.82	142.14	139.64	351.40
1998	-50.89	-658.82	-84.13	1394.69	144.45	237.58	174.10	206.36	599.28
1999	-87.14	-783.64	-120.49	1875.85	286.55	223.19	179.76	328.80	883.40
2000	-37.63	-1016.70	-170.76	2403.75	624.03	-19.10	185.20	465.45	1224.40
2001	-45.55	-1190.70	-245.21	2954.85	1307.02	-576.39	256.09	517.54	1516.40
2002	-50.53	-1368.08	-267.12	3686.97	1785.25	-278.85	953.36	591.20	2039.40
2003	-156.01	-1653.23	-73.75	4762.20	2751.54	455.13	2553.56	822.30	3048.40
2004	-80.34	-1914.80	40.00	5905.61	4479.27	-866.96	2852.10	791.15	3981.40
2005	-81.56	-2154.95	175.22	7217.51	5412.06	-1052.59	3461.72	924.93	5183.40
2006	-72.38	-2533.65	211.94	8585.15	5899.09	-1165.39	3655.54	1083.51	6196.40
2007	8.26	-2919.12	210.71	10126.47	6970.86	-1776.86	3952.35	1180.72	7365.40
2008	53.58	-3496.97	208.03	11009.39	7167.76	-1798.12	4011.59	1272.41	7688.40
2009	128.00	-3719.11	72.15	11994.09	7884.71	-2268.47	4133.21	1240.31	8232.40
2010	445.98	-4651.40	153.71	13291.31	8455.79	-2505.70	4276.39	1365.51	8931.40
2011	413.35	-4693.75	104.88	14873.09	9331.64	-2909.96	4536.69	1454.82	10267.40
2012	364.83	-5338.38	-67.94	15111.88	9407.14	-3154.43	4418.15	1419.58	9655.40
2013	329.84	-5904.79	-215.30	15500.30	9566.91	-3079.92	4571.17	1491.18	9285.40
2014	338.36	-6462.73	-223.66	16062.59	9797.11	-3115.08	4655.98	1564.89	9253.40
2015	299.66	-6855.34	-407.93	16582.43	10080.76	-3088.74	4870.16	1655.43	9152.40
2016	138.78	-6975.84	-630.45	17092.06	10284.82	-2909.58	5126.61	1744.48	9120.40

注：土地城镇化效应为 $-\Delta C_l$；城市拥挤度效应为 $-\Delta C_r$。根据模型的需要，在计算总效应时用的是 ΔC_l 和 ΔC_r 的值。

第四章 广东省产业能源碳排放影响因素分解实证研究

表4-2 广东省生产能源碳排放 LMDI 分解结果（贡献率）

单位:%

年份	能源结构效应 $(\Delta C_m/\Delta C_{1tot})$	能源强度效应 $(\Delta C_i/\Delta C_{1tot})$	产业结构效应 $(\Delta C_s/\Delta C_{1tot})$	土地经济产出效应 $(\Delta C_g/\Delta C_{1tot})$	土地城镇化效应 $(-\Delta C_l/\Delta C_{1tot})$	城市人口密度效应 $(-\Delta C_r/\Delta C_{1tot})$	人口城镇化效应 $(\Delta C_h/\Delta C_{1tot})$	人口规模效应 $(\Delta C_p/\Delta C_{1tot})$
1996	-5.87	-73.97	-13.42	193.00	26.60	36.60	34.66	28.80
1997	-9.15	-127.54	-23.65	260.49	39.14	41.21	40.45	39.74
1998	-8.49	-109.94	-14.04	232.73	24.10	39.64	29.05	34.43
1999	-9.86	-88.71	-13.64	212.34	32.44	25.27	20.35	37.22
2000	-3.07	-83.04	-13.95	196.32	50.97	-1.56	15.13	38.01
2001	-3.00	-78.52	-16.17	194.86	86.19	-38.01	16.89	34.13
2002	-2.48	-67.08	-13.10	180.79	87.54	-13.67	46.75	28.99
2003	-5.12	-54.23	-2.42	156.22	90.26	14.93	83.77	26.97
2004	-2.02	-48.09	1.00	148.33	112.50	-21.78	71.64	19.87
2005	-1.57	-41.57	3.38	139.24	104.41	-20.31	66.78	17.84
2006	-1.17	-40.89	3.42	138.55	95.20	-18.81	58.99	17.49
2007	0.11	-39.63	2.86	137.49	94.64	-24.12	53.66	16.03
2008	0.70	-45.48	2.71	143.19	93.23	-23.39	52.18	16.55
2009	1.55	-45.18	0.88	145.69	95.78	-27.56	50.21	15.07
2010	4.99	-52.08	1.72	148.82	94.67	-28.05	47.88	15.29
2011	4.03	-45.72	1.02	144.86	90.89	-28.34	44.19	14.17
2012	3.78	-55.29	-0.70	156.51	97.43	-32.67	45.76	14.70
2013	3.55	-63.59	-2.32	166.93	103.03	-33.17	49.23	16.06
2014	3.66	-69.84	-2.42	173.59	105.88	-33.66	50.32	16.91
2015	3.27	-74.90	-4.46	181.18	110.14	-33.75	53.21	18.09
2016	1.52	-76.49	-6.91	187.40	112.77	-31.90	56.21	19.13

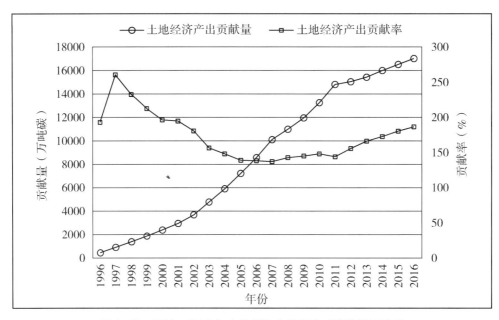

图 4-2 1996—2016 年土地经济产出变动对碳排放的贡献

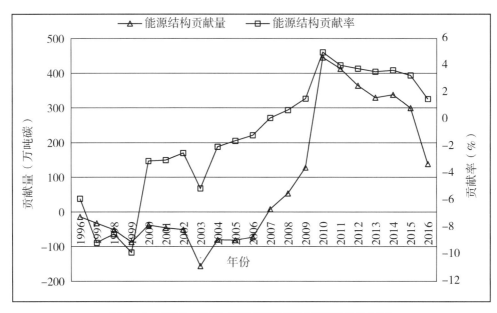

图 4-3 1996—2016 年能源结构变动对碳排放的贡献

的变化走势与贡献量的变化走势基本保持一致。

总体来看,生产部门能源结构对碳排放贡献量的变化可以从其能源结构的变化得到解释(见图 4-4)。1996—1999 年,煤炭在能源结构中的比例下降,油品比例上升,能源结构对碳排放的减排贡献最大。之后,随着煤炭比例的缓慢增加,能源结构对碳排放的减排贡献逐渐减少,并于 2007 年由减排转变为增排。2012 年以来,随着煤炭和油品在能源结构中的比例下降,天然气比重上升,能源结构的增排作用也随之减弱,说明煤炭的比重对能源碳排放具有绝对的影响,即煤炭比重的下降会减少碳排放增量,煤炭比重上升则会增加碳排放增量。

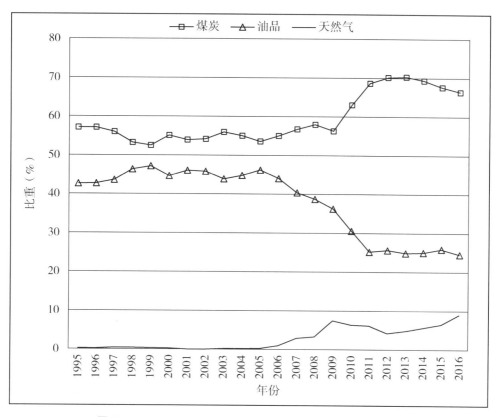

图4-4　1995—2011年广东省生产能源消费结构变化趋势

总体来看,广东省以煤炭、石油等高碳为主的能源消费结构并没有得到大的改善。尽管近几年,核电、风电、太阳能、天然气等清洁能源从无到有进入消费领域,但广东发展新能源的资源禀赋优势还没有得到充分发挥,其替代战略的效果还不显著。随着广东省水电、核电和风电装机容量持续增加,加之广东积极推进太阳能利用、生物质能利用等试点,可再生能源开发利用呈现良好发展前景,广东能源结构的优化还有很大的潜力,优化能源结构将是未来广东省碳减排的最有效手段之一。

3. 产业结构效应

广东省产业结构对碳排放表现为减排—增排—减排效应的转变。其贡献量变化与产业结构的变化有关。广东省一直重视产业结构的调整,但产业结构调整难度较大,因为广东是以贸易带动经济社会整体的发展,产业支撑比较薄弱。研究期间,广东省产业结构调整成效不明显,从图4-5可以看出,1996—2002年,产业结构明显优化,第一、第二产业比重下降,第三产业比重几乎呈线性上升。产业结构优化对碳排放的贡献表现为减排效应,减排量从31.52万吨增加到267.12万吨,贡献率却从1997年达到极值点(-23.65%)之后一直保持在-13%左右。2003—2006年,第二产业比重回升,第三产业比重下降,此阶段产业结构对碳排放总体表现为减排效应向增排效应的转变。2007—2016 年，第二产业比重再次下降，第三产业比重上升，产业结构对碳排放的增排效应减弱。2013 年，第三产业比重超过第二产业，说明广东省产业结构调整冲破了瓶颈期，产业结构继续稳定优化，对碳排放表现为稳定的碳减排效应。

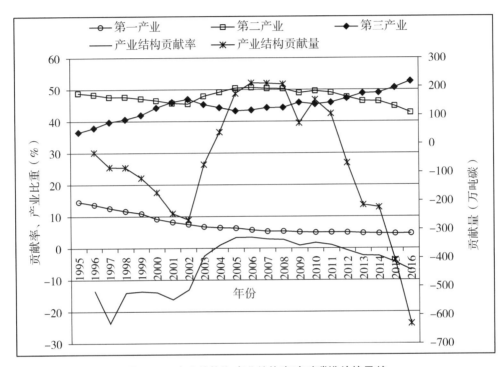

图 4-5　产业结构和产业结构变动对碳排放的贡献

4. 能源强度效应

能源强度对广东省能源碳排放增加具有显著抑制作用。图 4-6 表明，广东省三次产业能源强度和平均能源强度都呈下降趋势。平均能源强度从 1995 年的 0.73 吨标准煤/万元下降至 2016 年的 0.28 吨标准煤/万元，年均下降 4.53%，平均能源强度的下降主要是由第二产业能源强度下降引起的。因能源强度下降而减少的碳排放量从 1996 年的 173.73 万吨增加到 2016 年的 6975.84 万吨（见表 4-1），是碳排放增加的第一抑制因素。能源强度对抑制碳排放总量的贡献率在 1997 年达到峰值（-127.54%）后逐年减小，2007 年减小为 39.63%（见图 4-7），表明在此期间能源强度下降对碳排放的减排效应在减弱。能源强度下降对碳排放的减排效应减弱可从经济学角度得到解释。根据经济发展规律，提高能源效率、降低能源强度越往后越难。2007—2016 年能源强度的减排贡献率呈上升趋势，2016 年达到 76.49%，减排效应随之增强。主要是因为"十一五"期间，为达到单位 GDP 能耗较"十五"末期下降 16% 的目标，广东省淘汰了一批落后产能，关闭了很多小火电站和水泥厂等高耗能工厂。正因为将容易减排、容易提高能效的工作都做了，以后再想通过关闭高耗能工厂减少能消费量进行碳减排就会越来越困难。因此，未来广东省在降低能源强度提高能源效率上急需另辟蹊径。

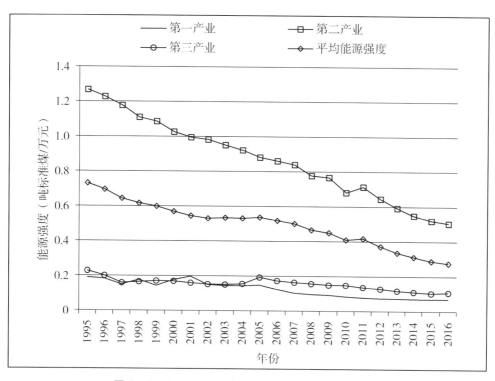

图4-6 1995—2016年三次产业能源强度变化趋势

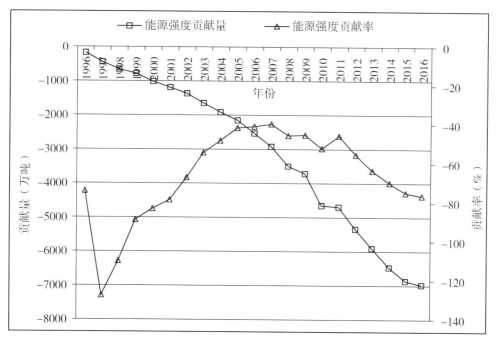

图4-7 三次产业能源强度变化趋势

5. 城镇化效应

城镇化（urbanization）是指人口向城市地区集中和农村地区转变为城市地区的过程。城镇化可归纳为两个方面：一是人口城镇化，这一过程中人口迁移必定包括经济要素的流动、产业的推移和社会结构的变迁；二是土地城镇化，即城市的空间扩张，农用地或未利用地不断转变为建设用地，同时，城市土地的节约集约利用水平和土地利用效率不断提高。

1996—2016 年，广东省土地城镇化和人口城镇化均呈上升趋势（见图 4-8），对碳排放均表现为增排效应。从表 4-3 可以看出，1995—2016 年，广东省城市建成区面积从 1529.25 平方千米增加到 5808.1 平方千米，年均增长 4.68%。土地城镇化率从 0.86% 增加到 3.23%，年均增长 6.51%，因土地城镇化水平提高而带来的碳排放从 1996 年的 62.47 万吨增加到 2016 年的 10284.82 万吨，年均增长 20.27%。广东省非农业人口从 1995 年的 2035.37 万人增加到 2016 年的 5315.64 万人，年均增长 4.67%。人口城镇化率（非农化率）从 29.98% 增加到 58%，年均增长 3.19%。因人口城镇化水平提高所导致的碳排放从 1996 年的 81.41 万吨增加到 2016 年的 5126.61 万吨，年均增长 23.01%。由此可见，1996—2011 年，广东省土地城镇化发展速度（6.51%）大于人口城镇化发展速度（3.19%），由土地城镇化的快速发展带来的碳排放量也大于人口城镇化带来的碳排放。主要是因为，随着经济的发展和地方财政对土地和房地产的过度依赖，致使城市快速扩张，农民的土地被城镇化占有，但

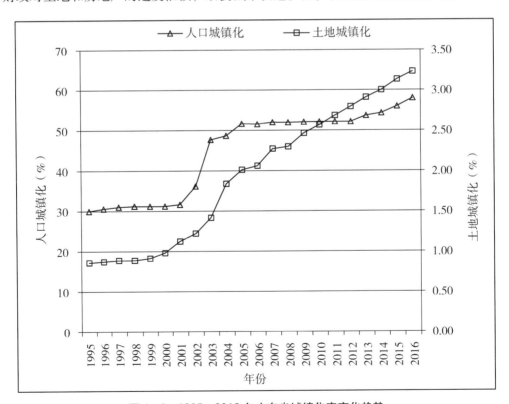

图 4-8　1995—2016 年广东省城镇化率变化趋势

不能务农的大部分农民并没有真正融入现代城市的市民当中,广东省的户籍政策限制了他们成为城市户籍人口。

表4-3 广东土地城镇化和人口城镇化相关指标

年份	土地城镇化			人口城镇化		
	城市建成区面积(平方千米)	土地城镇化率(%)	贡献量(万吨)	非农业人口(万人)	人口城镇化率(%)	贡献量(万吨)
1995	1529.25	0.86	—	2035.37	29.98	—
1996	1551.92	0.87	62.47	2107.80	30.56	81.41
1997	1578.95	0.89	137.53	2173.50	30.99	142.14
1998	1580.04	0.89	144.45	2219.07	31.19	174.10
1999	1628.56	0.92	286.55	2276.42	31.19	179.76
2000	1763.98	0.98	624.03	2338.29	31.18	185.20
2001	2023.64	1.13	1307.02	2391.31	31.61	256.09
2002	2196.62	1.22	1785.25	2767.31	36.18	953.36
2003	2546.90	1.42	2751.54	3681.93	47.67	2553.56
2004	3306.10	1.84	4479.27	3797.92	48.66	2852.10
2005	3619.10	2.01	5412.06	4082.06	51.67	3461.72
2006	3705.70	2.06	5899.09	4149.42	51.55	3655.54
2007	4084.00	2.27	6970.86	4242.85	52.02	3952.35
2008	4132.60	2.30	7167.76	4297.78	51.99	4011.59
2009	4434.10	2.47	7884.71	4358.05	52.09	4133.21
2010	4618.10	2.57	8455.79	4443.96	52.15	4276.39
2011	4829.26	2.69	9331.64	4505.68	52.17	4536.69
2012	5026.40	2.80	9407.14	4504.96	52.17	4418.15
2013	5232.11	2.91	9566.91	4702.83	53.69	4571.17
2014	5398.10	3.00	9797.11	4827.43	54.32	4655.98
2015	5633.19	3.13	10080.76	5044.69	56.00	4870.16
2016	5808.10	3.23	10284.82	5315.64	58.00	5126.61

从阶段性发展来看(见图4-9),"九五"期间(1996—2000年),土地城镇化和人口城镇化均处于缓慢增长阶段。"十五"期间(2001—2005),土地城镇化和人口城镇化均有较大幅度的上升,这与广东的房地产投资、房价相对较低、较宽松的土地政策有关。"十一五"以来,土地城镇化的增长速度仍然较快,但较"十五"期间略有减缓,人口城镇化在"十一五"期间的增速则几乎为零。"十二五"期间又缓慢上升。较宽松的土地政策、房价的快速增长和户籍政策是导致两种城镇化不协调发展的重要原因,这也体现了该阶段广东城镇化追求空间的快速扩张和蔓延式发展。由此

可见,广东城镇化对碳排放的影响与经济发展、房地产、土地政策、户籍政策等有关。

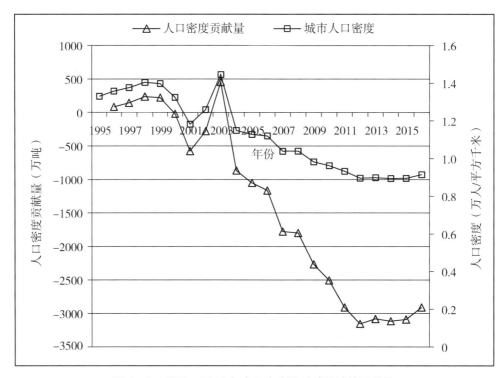

图4-9 1996—2016年人口密度及对碳排放的贡献量

6. 城市人口密度效应

1996—2010年,城市人口密度的碳排放效应的变化特征明显与其他因子的碳排放效应及8个因子总效应的变化特征不同。它经历了2004年以前的增、减排效应交替变动阶段和2004年开始的稳定减排效应阶段。总体来看,城市人口密度对碳排放的贡献量变化与城市人口密度变化一致。1996—2003年,城市人口密度和城市人口密度对碳排放的贡献量均出现了两次阶段性极高点和一次极低(高)点(见图4-10)。两次阶段性极高点发生的年份分别为1998年亚洲金融危机爆发和2003年中国"非典"暴发。1996—1998年,随着广东经济快速发展对劳动力的大量需求,广东城市人口密度逐年增加,从13310人/平方千米增加到14044人/平方千米。该时期,城市人口密度对碳排放表现为持续增排效应,增排量从1996年的85.96万吨增加到1998年的237.58万吨。1999—2005年是一个经济比较动荡的时期,1998年亚洲金融危机对广东经济带来冲击的后续影响,加之2003年我国"非典"疫情的爆发、土地城镇化和人口城镇化进程加快但两者步伐缺乏高度一致性、土地政策的变动和房地产行业的快速发展等多方面的因素,导致广东城市人口密度的上下变动,其对碳排放的贡献也由减排到增排再到减排的不断转变。

经过"九五"末期和"十五"期间探索性的发展和磨合,加之"十一五"期间广东省产业人口"双转移"政策的大力实施,各种发展因素在"十一五"期间和

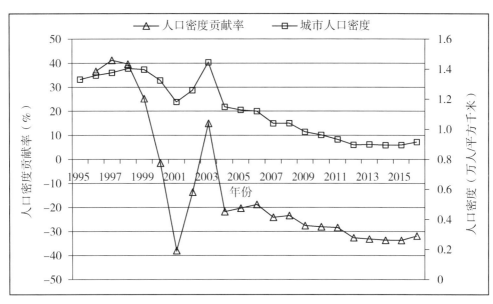

图4-10　1996—2016年人口密度及对碳排放的贡献率

"十二五"初期已趋于稳定和协调发展，城市人口密度也表现出稳定减排效应。减排量由2006年的1165.39万吨增加到2012年的3154.43万吨。"十一五"期间，我国也经历了2008年的全球金融危机，但从图4-9和图4-10中可以看出，城市人口密度及其对碳排放的贡献量的变化并没有受到显著的影响。这表明1998年亚洲金融危机对城市人口密度及其对碳排放的影响远远大于2008年的世界金融危机对两者的影响。2013年以来，随着土地城市化的不断扩张，城市人口密度缓慢减小，对碳排放的增排程度也相应减缓。

综上，城市人口密度对生产性能源碳排放效应的变化可能体现了亚洲金融风暴、世界经济危机、"非典"等事件和"产业转移"等政策通过对广东省经济模式的作用所导致的城市人口密度的变化状况。

7. 人口规模效应

1995—2016年，广东户籍人口呈逐年上升趋势，户籍人口总量从1995年的6788.74万人增加到2016年的9164.9万人，年均增长1.44%。人口规模对碳排放表现为持续增排效应（见图4-11），其引起的碳排放量从1996年的67.64万吨增加到2016年的1744.48万吨（见表4-1），年均增长17.64%。人口规模效应的贡献率自1997年达到极值点（39.74%）之后略有下降，2000年又反弹到次高点38.01%，2001—2011年呈逐年下降趋势（见图4-9）。说明2000年之后，人口规模对碳排放的增排强度在逐年减弱。2012年贡献率有所上升，即人口规模对碳排放的增排强度有所增强。

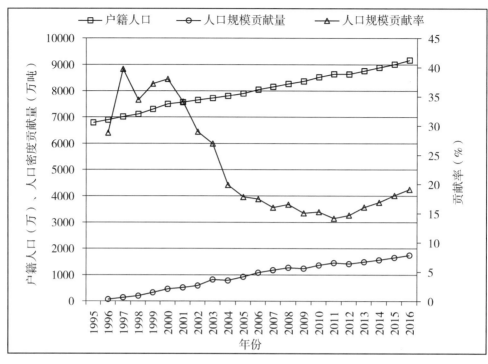

图 4-11　1995—2016 年人口规模及其贡献量和贡献率

二、生活部门能源碳排放影响因素分解结果与讨论

1. 生活能源碳排放总量变化趋势

生活能源碳排放总量（包括电力）从 1995 年的 572 万吨增加到 2015 年的 2383 万吨，之后微弱下降到 2016 年的 2075 万吨，在能源碳排放总量中的占比约为 16%。见表 4-4。

表 4-4　1995—2016 年生活能源碳排放

单位：万吨

年　份	城　镇	农　村	生活碳排放总量
1995	3.79	1.93	5.72
1996	4.10	2.23	6.33
1997	4.05	2.20	6.25
1998	4.30	2.34	6.64
1999	4.49	2.64	7.13
2000	4.78	2.75	7.53
2001	5.17	3.02	8.18
2002	5.31	3.11	8.42
2003	5.54	2.98	8.52

续上表

年 份	城 镇	农 村	生活碳排放总量
2004	6.54	3.58	10.13
2005	8.22	3.98	12.20
2006	8.65	4.25	12.90
2007	9.81	4.73	14.54
2008	10.11	5.43	15.54
2009	10.72	5.83	16.55
2010	11.42	6.12	17.54
2011	13.59	7.56	21.15
2012	12.49	7.66	20.15
2013	13.57	7.52	21.09
2014	14.25	7.71	21.97
2015	15.21	8.62	23.83
2016	13.43	7.33	20.75

从生活能源碳排放的城乡结构来看（见图4-12），城镇居民生活消费碳排放从1995年的379万吨增加到2016年的1343万吨，在生活能源碳排放中的比重为65%左右，远大于农村居民的碳排放。

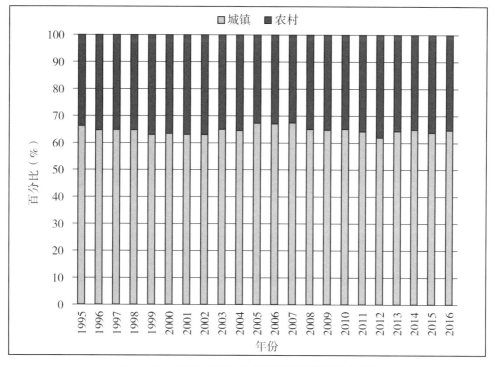

图4-12　1995—2016年生活能源碳排放城乡结构

从碳排放的能源结构来看（见图 4-13），油品和电力消费是居民生活能源碳排放的两大来源，来自油品和电力消费的碳排放占生活能源碳排放的比例逐年升高，从 1995 年的 72.1% 增加到 2016 年的 92.5%。在这期间，电力碳排放逐年增加，主要是因为广东省火电生产正处于从"煤炭+石油"的结构向"煤炭+天然气"的结构转换期，火电生产中煤炭的比例越来越大。但是，从 2005 年开始，天然气逐渐代替油品，火电碳排放的增加速度已经开始减缓。

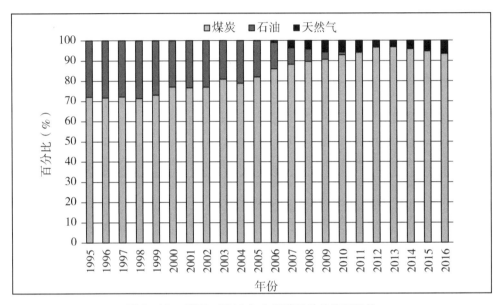

图 4-13　1995—2016 年生活碳排放的能源结构

2. 生活能源碳排放影响因素分解结果讨论

1996—2016 年，广东省生活能源碳排放影响因素分解结果见表 4-5 和图 4-14。我们可以得到两大结论：①能源结构（除了 1996—1997 年）、用能水平、人口城镇化结构和人口规模对生活能源碳排放起促进作用。其中，1996—2004 年人口规模的贡献量最大，是生活能源碳排放第一促进因素；能源利用水平紧跟其后。但是，2005—2016 年，能源利用水平的贡献量超过人口规模，成为第一促进因素。能源碳排放系数表现为对生活能源碳排放的减排作用，是生活能源碳排放的第一抑制因素。②从各分解因素贡献量的时序变化趋势来看，每一种因素在 1997—2003 年都有比较大的波动，这是因为 1997 年亚洲金融危机给了以外贸和投资为经济支柱的广东省"致命一击"，同时，自改革开放以来经济快速发展遗留下来的一些根深蒂固的矛盾也逐渐显现，这两个重要因素导致这一时期广东省经济发展严重下滑，直到 2000 年才开始逐渐恢复。这也说明了经济冲击通过对各分解因素的影响间接对居民生活消费产生了影响。下面将对各影响因素进行详细解析。

表4-5 1996—2016年生活能源碳排放各分解因素贡献量

单位：万吨

年份	能源结构效应	用能水平效应	城乡结构效应	人口规模效应	系数效应	总效应
1996	-23.25	46.04	19.42	6.63	12.53	61.38
1997	-14.98	13.55	37.24	52.75	-35.50	53.06
1998	11.61	-13.11	53.34	57.71	-17.70	91.85
1999	21.94	-13.10	63.93	64.38	4.12	141.26
2000	44.50	-37.40	74.04	102.05	-2.25	180.95
2001	49.68	7.28	78.99	112.65	-1.95	246.65
2002	52.49	14.15	82.39	122.04	-0.74	270.33
2003	44.65	66.98	89.69	201.77	-122.70	280.39
2004	74.70	105.66	100.26	150.19	10.24	441.05
2005	70.98	265.41	124.32	170.45	17.21	648.37
2006	88.02	302.16	133.24	198.36	-3.30	718.47
2007	97.12	417.34	140.76	226.89	0.58	882.69
2008	112.76	502.09	135.58	262.02	-30.39	982.06
2009	136.18	577.51	139.05	300.60	-69.77	1083.56
2010	155.82	551.31	155.18	386.23	-66.71	1181.83
2011	154.21	853.57	161.36	431.74	-57.13	1543.75
2012	222.50	758.09	139.57	451.33	-128.47	1443.02
2013	205.81	822.45	156.93	482.31	-130.17	1537.33
2014	240.22	897.87	165.96	548.75	-227.98	1624.82
2015	223.23	1083.03	168.14	616.66	-279.59	1811.49
2016	286.97	781.96	153.33	598.35	-316.83	1503.78

生活能耗是满足人们生活基本需要的重要部分，1998—2002年，由于亚洲金融危机的影响，广东经济和居民生活水平均受到了一定程度的影响，这一时期，居民消费水平对碳排放表现为减排效应。之后，随着广东经济的复苏和快速发展，工业化和城镇化进程的不断加快，居民生活质量得到了很大提升，民用能源消费增加导致碳排放不断增多，2003年开始，人均生活水平对碳排放表现为持续增排效应，增排量从2003年29.72万吨增加到2011年的357.46万吨。

1996—2011年，特别是2000年以来，是广东经济的腾飞期，经济的快速发展不仅需要大量的能源作为重要推动力，而且需要大量的劳动力，因此，吸引了很多外省人到广东工作或经商，致使年末常住人口逐年增加，从1996年的7569.78万人增加到2011年的10505万人，人口规模对碳排放的贡献量从7.87万吨增加到163.07万吨。

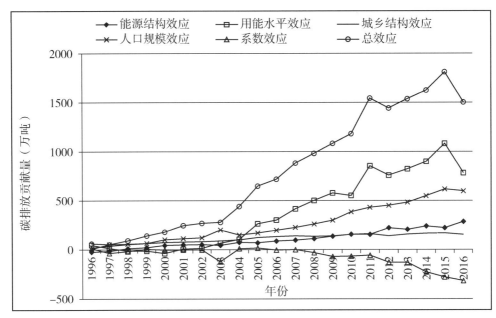

图 4-14 1996—2016 年生活能源碳排放各分解因素的贡献量

（1）碳排放系数效应。除个别年份之外，碳排放系数对生活能源碳排放表现为减排效应，碳排放系数的贡献主要源于电力生产平均碳排系数的变化。电力生产平均碳排放系数在1996—2005年表现为波动的变化趋势，从2006年开始表现为稳定的下降趋势（见图4-15）。研究期内，碳排放系数的变化对碳排放的减排贡献量呈同样的变化走势，这说明碳排放系数变化对碳排放的减排作用越来越强。

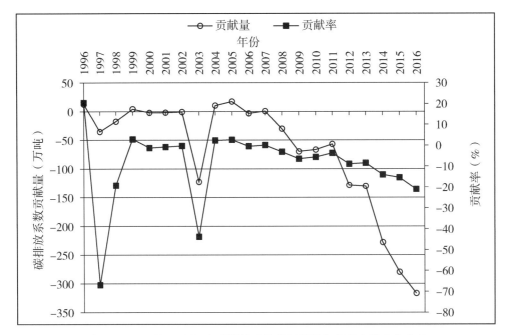

图 4-15 1996—2016 年碳排放系数的贡献量和贡献率的变化走势

（2）能源结构效应。1996—1997年能源结构变化对碳排放影响表现为减排效应，从1998年开始表现为增排效应，主要是因为本节中生活能源的类型与之前的分类略有不同，电力生产产生的碳排放被分摊到生活能源碳排放中，电力成为高碳排放源之一，使得生活能源消费中高碳能源的比例增加，因此，能源结构在研究期内对碳排放基本表现为增排效应。其增排贡献量逐年增加（见图4-16），2016年能源结构的增排贡献量达到287万吨。

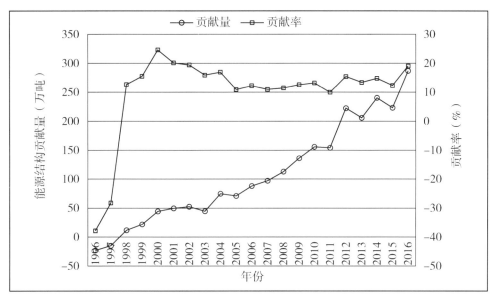

图4-16 1996—2016年能源结构的贡献量和贡献率的变化走势

从其对生活能源碳排放增量的贡献率来看，贡献率从1998年的12.6%增加到2000年的24.6%，之后逐年减小到2005年的10.9%，之后贡献率在13%左右波动，这说明2000—2005年能源结构的增排能力在减弱，之后保持稳定。广东省需要大力优化和调整生活能源结构，例如，引导居民绿色出行，一方面，鼓励居民乘坐公共交通出行；另一方面，提高低碳低硫等高质量低污染的汽油柴油的供应比例，全面减少交通领域碳排放。在居民电力消费方面，一方面，应加大火电生产能源结构调整力度，提高风电、水电和核电等清洁能源发电比重，减少单位用电的碳排放；另一方面，采取必要措施制止居民用电浪费的不良消费习惯，倡导节约用电的生活理念。最终使得能源结构对碳排放的作用能够扭增为减。

（3）用能水平效应。用能水平总体上表现为增排效应（除1998—2000年表现为减排效应），其贡献量从1996年的增排46万吨转化为2000年减排37万吨，之后一直表现为增排效应，增排量逐年增加，从2001年的7万吨增加到2015年的1083万吨，2016年略有下降，为782万吨（见图4-17）。其贡献率从1996年的75%转变为2000年的-20.7%，之后从2001年的2.95%逐年增加到2015年的59.8%，2016年又减小为52%。由此可见，居民用能水平是生活能源碳排放增加的第一促进因素，但其作用强度在2016年开始有减弱倾向。

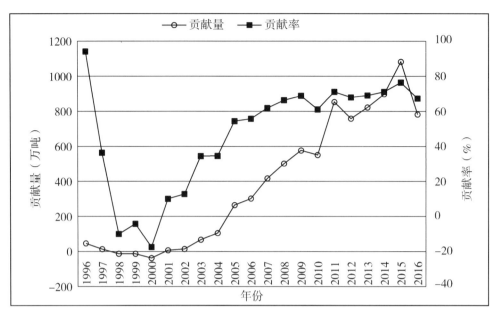

图4-17 1996—2016年用能水平的贡献量和贡献率变化走势

（4）城乡结构效应。研究期内，城乡结构对碳排放表现为增排效应，贡献量从1995年的19万吨增加到2016年的153万吨，贡献率从1996年的31.6%增加到1997年的70.2%，之后逐年下降到2016年的10.2%（见图4-18）。由此可见，人口城乡结构变动对广东省居民生活能源碳排放的促进作用不容忽视。由于城镇居民的消费水平、能量消费量都高于农村居民，因此，人口城乡结构变化所代表的城镇化水平的提高会在一定程度上促进广东整体居民生活能源碳排放的增长。但1997年之后人口

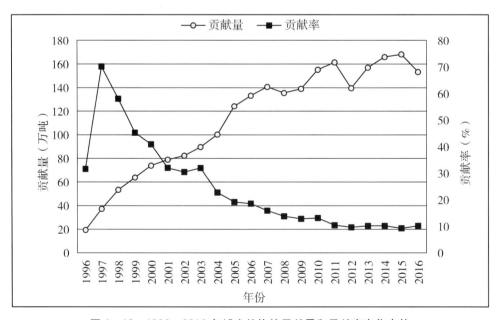

图4-18 1996—2016年城乡结构的贡献量和贡献率变化走势

城乡结构变动对居民生活能源碳排放的贡献率在不断下降,说明随着城镇化水平的提高,城市人口的集聚为公共物品的使用带来了规模经济,并伴随着生活模式的改变和技术扩散,致使广东人口城镇化发展对生活能源碳排放的增排强度越来越弱。

(5) 人口规模效应。人口规模的变化对生活能源碳排放始终表现为增排效应,增排量从 1996 年的 7 万吨增加到 2016 年的 598 万吨(见图 4-19)。其贡献率从 1996 年的 10.8% 增加到 1997 年的 99.4%,后逐年下降到 2005 年的 26.3%,之后又逐年缓慢上升到 2016 年的 39.8%。说明随着广东省人口规模的增大,人口规模对生活能源碳排放的增排作用逐年减弱。

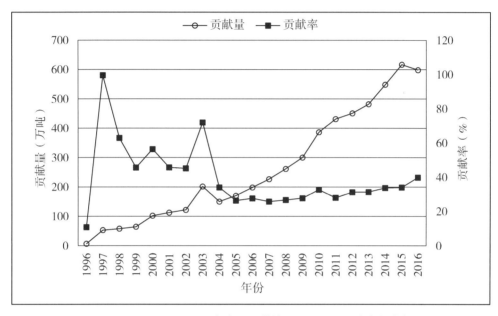

图 4-19　1996—2016 年人口规模的贡献量和贡献率变化走势

第四节　本章小结

本章基于扩展的碳排放基本等式和 LMDI 因素分解方法分别建立了生产和生活能源碳排放分解模型,并对两种碳排放进行因素分解实证研究。结果表明,影响能源碳排放的主要驱动因素和抑制因素分别为土地经济产出和能源强度。能源结构和产业结构优化有助于减少碳排放,但能源结构从 2007 年开始对碳排放表现为增排效应,产业结构则从 2004—2006 年表现为增排效应;其他年份均表现为减排效应。说明近年来,广东省能源结构调整仍需要加大调整力度。产业结构则已经跨过瓶颈期,进入稳定的碳减排阶段。除此之外,本书对城镇化水平(土地城镇化和人口城镇化)和城市人口密度对生产能源碳排放的影响进行了深入的分析。得出以下结论:土地城镇化和人口城镇化对碳排放均表现为增排效应,其中,土地城镇化的增排效应强于人口城镇化的增排效应。"十五"之前，城市人口密度对碳排放的效应不稳定，"十五"期间开始稳定表现为减排效应。

由于各减排因素的减排效应不足以抵消土地经济产出、人口规模增长、城镇化率提高等增排因素产生的增排效应，因此，从1996年到2016年广东省的碳排放总量还在逐年上升，距离碳排放总量达峰还需要一段时间。

第五章 广东省产业能源碳排放与经济增长的脱钩关系实证研究

第一节 能源碳排放与经济增长脱钩简介

"脱钩（decoupling）"一词最早用于物理学领域，是使具有响应关系的两个或多个物理量之间的相互关系不再存在。

目前主要存在两种形式的碳排放脱钩模型，分别为OECD脱钩模型和Tapio脱钩模型。经济合作与发展组织（OECD）最先提出脱钩概念，并将脱钩分为绝对脱钩和相对脱钩，推动了脱钩的理论研究。Tapio将弹性方法引入脱钩研究，进一步发展和完善了脱钩理论。

OECD脱钩模型表达式为：

$$D_{oecd} = 1 - \frac{(C/GDP)_T}{(C/GDP)_0} \qquad (5-1)$$

式中：C为碳排放量；GDP为国内生产总值；下标0表示基期，T表示末期。

Tapio脱钩模型表达式为：

$$D_{Tapio}(C, GDP) = \frac{\Delta C/C}{\Delta GDP/GDP} \qquad (5-2)$$

式中：C为某一时间段内起始年的碳排放量；ΔC为某一时间段内终点年相对于起始年的碳排放量变化值；GDP为某一时间段内起始年的国内生产总值；ΔGDP为某一时间段内终点年相对于起始年的GDP变化量；$D_{Tapio}(C, GDP)$为碳排放与经济增长的Tapio脱钩弹性值，表征碳排放的GDP弹性。本文研究时间段为2005—2016年，因此，取2005年为起始年。

Tapio根据脱钩弹性值的大小定义了8种脱钩状态，见表5-1。

表5-1 Tapio划分的8种脱钩状态

脱钩弹性值（D_t）	$\Delta C/C$	$\Delta GDP/GDP$	脱钩状态	描 述
$D_t < 0$	<0	>0	强脱钩	经济增长的同时碳排放下降
$0 \leq D_t < 0.8$	>0	>0	弱脱钩	经济增长速度高于碳排放增长速度
$0.8 \leq D_t \leq 1.2$	>0	>0	扩张连接	经济增长速度与碳排放增长速度相对同步
$D_t > 1.2$	>0	>0	扩张负脱钩	经济增长速度小于碳排放增长速度
$D_t < 0$	>0	<0	强负脱钩	经济下降的同时碳排放上升
$0 \leq D_t < 0.8$	<0	<0	弱负脱钩	经济下降的速度大于碳排放的下降速度

续上表

脱钩弹性值（D_t）	$\Delta C/C$	$\Delta GDP/GDP$	脱钩状态	描述
$0.8 \leqslant D_t \leqslant 1.2$	<0	<0	衰退连接	经济下降速度与碳排放下降速度相对同步
$D_t > 1.2$	<0	<0	衰退脱钩	经济下降速度小于碳排放的下降速度

很多学者经过实证验证和比较，发现Tapio脱钩模型具有OECD脱钩模型无法比拟的优势。OECD指数模型是基于期初值和期末值的模型，期初期末值的选择具有很大的主观性，选择不当会造成严重的计算偏差，甚至造成极端性的结论。Tapio脱钩模型是基于弹性的分析方法，克服了OECD脱钩指数基期选择困难的缺陷，且不受统计量纲变化的影响，进一步提高了脱钩关系测度和分析的客观性和准确性，而且Tapio模型可以通过恒等变换进行完全无剩余的分解。因此，Tapio脱钩模型较OECD脱钩模型应用较为广泛。鉴于此，本书脱钩研究采用Tapio脱钩模型。

随着20世纪经济增长所带来的资源短缺、环境污染与生态破坏日益加剧，"脱钩"思想被一些学者引入到经济发展与资源消耗、温室气体排放的研究领域，目的是尽早实现期望变量（如经济增长）与非期望变量（如资源投入或温室气体排放）之间耦合关系破裂。在碳减排领域，Tapio最早利用脱钩弹性方法对欧洲交通业经济增长与运输量、温室气体排放之间的脱钩情况进行了研究；David Gray等对苏格兰地区经济增长与交通运输量及二氧化碳排放之间的脱钩情况做了研究；庄敏芳对台湾的二氧化碳排放与经济增长的脱钩指标进行了研究；庄贵阳运用Tapio脱钩指标对包括中国在内的全球20个温室气体排放大国在不同时期的脱钩情况进行了分析；李忠民等运用OECD脱钩指标和Tapio脱钩指标对山西工业部门工业增加值及其能耗投入和二氧化碳排放之间的关系进行了分析。

总体来看，国内外学者目前所进行的研究大多是对碳排放与经济增长的脱钩指标进行测度，对脱钩指标与状态发生变化的机理的研究较少，我国只有赵爱文等、王云等、Wang等做过相关方面的研究。从国内的研究进展来看，对广东省能源碳排放与经济增长的脱钩关系研究还鲜见有相关方面的文献。

鉴于此，本书基于Kaya恒等式构建能源碳排放影响因素分解模型，并结合Tapio脱钩模型，构建广东省能源碳排放脱钩弹性分解量化模型，以探索广东省碳排放与经济增长脱钩的内在机理，探寻两者脱钩的关键影响因素，以期提出实现碳排放与经济增长脱钩的针对性的政策建议，为广东省政府推动低碳工作提供信息支持和决策依据，为我国低碳经济发展提供实证依据。

第二节 能源碳排放与经济增长脱钩的影响因素分解量化模型建立

1. 能源碳排放影响因素分解模型——Kaya扩展模型的建立

产业能源碳排放影响因素分解模型的建立与第四章中公式（4-3）至公式（4-

16）相同，即，

$$C = \sum_i \sum_j \left(\frac{C_{ij}}{PE_{ij}} \cdot \frac{PE_{ij}}{PE_i} \cdot \frac{PE_i}{GDP_i} \cdot \frac{GDP_i}{GDP} \cdot \frac{GDP}{S} \cdot \frac{S}{S_u} \cdot \frac{S_u}{P_u} \cdot \frac{P_u}{P} \cdot P \right) \quad (5-3)$$

式中：GDP 表示国内生产总值。i 为产业类型，j 为能源类型，则 C_{ij} 表示第 i 种产业中第 j 种能源产生的碳排放；PE_{ij} 表示第 i 种产业中第 j 种能源的消费量；PE_i 表示第 i 种产业的能源消费量；GDP_i 表示国内生产总值中第 i 种产业的增加值。S 表示土地面积，S_u 表示城市建成区面积，P_u 表示非农业人口，P 为户籍总人口。

令 $f_{ij} = \frac{C_{ij}}{PE_{ij}}$，$m_{ij} = \frac{PE_{ij}}{PE_i}$，$d_i = \frac{PE_i}{GDP_i}$，$s_i = \frac{GDP_i}{GDP}$，$g = \frac{GDP}{S}$，$l = \frac{S}{S_u}$，$r = \frac{S_u}{P_u}$，$h = \frac{P_u}{P}$，$p = P$，则生产能源碳排放分解模型表达为：

$$C = \sum_i \sum_j (f_{ij} \cdot m_{ij} \cdot d_i \cdot s_i \cdot g \cdot l \cdot r \cdot h \cdot p) \quad (5-4)$$

式中：f_{ij} 表示能源的碳排放系数；m_{ij} 表示第 j 种能源在第 i 种产业的能源消费中所占比重；d_i 表示第 i 种产业单位 GDP 的能源消费量，即该产业的能源强度；s_i 表示第 i 种产业国内生产总值在 GDP 总量中所占比重；g 表示单位面积 GDP；l 表示土地城镇化率的倒数；r 为城市人口密度的倒数；h 为人口非农化率，是衡量城市化水平的重要指标，我们用它代表人口城镇化率；p 为户籍总人口数。

在众多分解方法中，对数平均迪氏指数（LMDI）分解方法能够消除残差项，并可以在加和分解与乘积分解之间建立一定关系，是各种分解方法中最为合理的一种。下面采用 LMDI 分解方法中的加和分解对模型（5-4）进行分解。

以 1995 年为基期，设基期碳排放总量为 C_0，T 期碳排放总量为 C_T，则有：

$$\Delta C = C_T - C_0 \quad (5-5)$$

各分解因素对能源碳排放的贡献值表达式分别为：

$$\Delta C_f = \sum_i \sum_j \alpha \ln \frac{F_{ij}^T}{F_{ij}^0} \quad (5-6)$$

$$\Delta C_m = \sum_i \sum_j \alpha \ln \frac{M_{ij}^T}{M_{ij}^0} \quad (5-7)$$

$$\Delta C_d = \sum_i \sum_j \alpha \ln \frac{D_i^T}{D_i^0} \quad (5-8)$$

$$\Delta C_s = \sum_i \sum_j \alpha \ln \frac{S_i^T}{S_i^0} \quad (5-9)$$

$$\Delta C_g = \sum_i \sum_j \alpha \ln \frac{G^T}{G^0} \quad (5-10)$$

$$\Delta C_l = \sum_i \sum_j \alpha \ln \frac{L^T}{L^0} \quad (5-11)$$

$$\Delta C_r = \sum_i \sum_j \alpha \ln \frac{R^T}{R^0} \quad (5-12)$$

$$\Delta C_h = \sum_i \sum_j \alpha \ln \frac{H^T}{H^0} \quad (5-13)$$

$$\Delta C_p = \sum_i \sum_j \alpha \ln \frac{P^T}{P^0} \quad (5-14)$$

则生产性能源碳排放总变化可以表示为：

$$\Delta C = C_T - C_0 = \Delta C_f + \Delta C_m + \Delta C_t + \Delta C_s + \Delta C_g + \Delta C_l + \Delta C_r + \Delta C_h + \Delta C_p \quad (5-15)$$

式中：$\alpha = \frac{C_{ij}^T - C_{ij}^0}{\ln C_{ij}^T - \ln C_{ij}^0}$；$\Delta C_f$，$\Delta C_m$，$\Delta C_d$，$\Delta C_s$，$\Delta C_g$，$-\Delta C_l$，$-\Delta C_r$，$\Delta C_h$，$\Delta C_p$ 分别表示碳排放系数、能源结构、能源强度、产业结构、土地经济产出、土地城镇化、城市人口密度、人口城镇化和人口规模 9 种分解因素的变化对碳排放总量变化的贡献量。需要说明的是，l 为土地城市化率的倒数，r 为城市人口密度的倒数。因此，经过 LMDI 分解之后，文中的土地城镇化、城市人口密度变化对碳排放总量变化的贡献量分别为 $-\Delta C_l$，$-\Delta C_r$。

由于各类能源的碳排放系数在实际应用中一般取常量，因此，在进行分解分析时，ΔC_f 始终等于 0，不作为考量因素。公式（5-15）可简化为：

$$\Delta C = C_T - C_0 = \Delta C_m + \Delta C_t + \Delta C_s + \Delta C_g + \Delta C_l + \Delta C_r + \Delta C_h + \Delta C_p \quad (5-16)$$

2. 能源碳排放与经济增长脱钩的影响因素分解量化模型的构建

将 Tapio 脱钩模型与能源碳排放影响因素分解模型相结合，即将公式（5-16）代入到公式（5-2）中，得到扩展的能源碳排放脱钩弹性分解量化模型：

$$D_t = \frac{\Delta C/C}{\Delta GDP/GDP} = \frac{\Delta C}{C} \times \frac{GDP}{\Delta GDP} = \Delta C \times \frac{GDP}{C \times \Delta GDP}$$

$$= (\Delta C_m + \Delta C_d + \Delta C_s + \Delta C_g + \Delta C_l + \Delta C_r + \Delta C_h + \Delta C_p) \times \frac{GDP}{C \times \Delta GDP}$$

$$= \frac{\Delta C_m/C}{\Delta GDP/GDP} + \frac{\Delta C_d/C}{\Delta GDP/GDP} + \frac{\Delta C_s/C}{\Delta GDP/GDP} + \frac{\Delta C_g/C}{\Delta GDP/GDP} +$$

$$\frac{\Delta C_l/C}{\Delta GDP/GDP} + \frac{\Delta C_r/C}{\Delta GDP/GDP} + \frac{\Delta C_h/C}{\Delta GDP/GDP} + \frac{\Delta C_p/C}{\Delta GDP/GDP}$$

$$= D_m + D_d + D_s + D_g + D_l + D_r + D_h + D_p \quad (5-17)$$

式中：D_t 为能源碳排放总量与经济增长的脱钩弹性值；D_m，D_d，D_s，D_g，$-D_l$，$-D_r$，D_h，D_p 分别为能源结构、能源强度、产业结构、土地经济产出、土地城镇化、城市人口密度、人口城镇化、人口规模 8 种分解因素的分脱钩弹性值。

第三节 能源碳排放与经济增长的脱钩关系分析

1996—2016 年，广东省能源碳排放与经济发展的脱钩弹性值大体呈倒 "U" 形变化趋势（见图 5-1）。研究期间，碳排放与经济增长的脱钩弹性值均为正值且小于 0.8，即广东省碳排放与经济增长总体表现为弱脱钩的低碳经济特征。2005 年为倒

"U"形的顶点，主要是因为在经历了1997年亚洲金融危机的影响后，广东省经济逐渐复苏并呈快速增长趋势。尽管2003年由于广东的"非典（SARS）"，使广东省旅游、会展、百货零售、餐饮、交通运输等和人流密切相关的第三产业遭受重创，但同时也拉动了一些相关行业的快速发展，特别是第二产业中的医药制造业和汽车行业。因此，广东省经济在2003—2005年保持14%～15%的高速增长，对能源碳排放的依赖性增加。

2005年，我国开始部署节能减排工作，广东积极响应节能减排号召，制定了"十一五"期间实现单位GDP能耗较"十五"末期下降16%的目标。通过淘汰落后产能，关闭部分小火电和水泥厂等高耗能工厂，第二产业节能减排工作取得了一定成效。因此，2006—2010年广东能源碳排放的GDP弹性逐年下降。2011—2016年，广东省制定了更加严格的节能减排目标，碳排放与经济增长的脱钩弹性值持续下降。

广东省能源消费的GDP弹性与能源碳排放的GDP弹性的变化趋势基本一致（见图5-1），但能源消费的GDP弹性值总体略高于能源碳排放的GDP弹性值。由此可以看出，碳排放与能源消费相伴而生，碳排放与经济增长的脱钩主要受能源消费与经济增长脱钩的影响。实行能源消费总量控制，直接减少能源消耗量，尽快实现能源消费与经济增长脱钩，是实现碳排放与经济增长脱钩的重要途径之一。

图5-1 1996—2016年能源消费、碳排放与经济增长的脱钩弹性值

第四节 碳排放与经济增长脱钩的影响因素分解分析

各分解因素对能源碳排放的贡献量在第四章中已经核算出，并对各分解因素的贡献量和贡献率的变化趋势及其原因进行了详细分析，这里脱钩弹性值的计算就是基于第四章中的核算结果进行的，因此，本节只对各分解因素引起的碳排放与经济发展的脱钩弹性值及脱钩状态进行简单描述，不再对过程机理进行详细阐述。

从各分解因素的脱钩情况来看，能源结构的脱钩弹性值在1996—2006年为负，2007—2016年转变为正，其脱钩状态由强脱钩转变为弱脱钩，主要是因为2007年以来，煤炭在生产能源消费中的比重上升（见第二章图2-2），尽管该时期石油消费比重下降，天然气比重上升，但总体来看，广东省以煤炭、石油为主的高碳能源消费结构并没有得到大的改善，特别是2010年以来，广东省能源结构的调整是不利于碳减排的，见表5-2、表5-3。

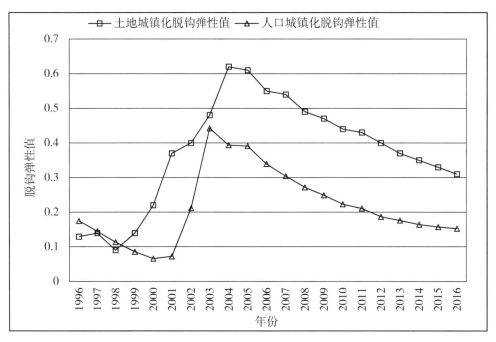

图5-2 1996—2016年土地城镇化效应、人口城镇化效应与经济增长的脱钩弹性值变化趋势

表 5-2　1996—2016 年 8 种分解因素引起的碳排放与经济增长的脱钩弹性值

年　份	能源结构	能源强度	产业结构	土地经济产出	土地城镇化	城镇人口密度	人口城镇化	人口规模	总效应
1996	-0.03	-0.37	-0.07	0.97	0.13	0.18	0.17	0.15	0.50
1997	-0.03	-0.46	-0.08	0.93	0.14	0.15	0.15	0.14	0.36
1998	-0.03	-0.43	-0.05	0.91	0.09	0.16	0.11	0.13	0.39
1999	-0.04	-0.37	-0.06	0.89	0.14	0.11	0.09	0.16	0.42
2000	-0.01	-0.36	-0.06	0.85	0.22	-0.01	0.07	0.17	0.43
2001	-0.01	-0.34	-0.07	0.83	0.37	-0.16	0.07	0.15	0.43
2002	-0.01	-0.30	-0.06	0.82	0.40	-0.06	0.21	0.13	0.45
2003	-0.03	-0.29	-0.01	0.82	0.48	0.08	0.44	0.14	0.53
2004	-0.01	-0.26	0.01	0.82	0.62	-0.12	0.39	0.11	0.55
2005	-0.01	-0.24	0.02	0.82	0.61	-0.12	0.39	0.10	0.59
2006	-0.01	-0.24	0.02	0.80	0.55	-0.11	0.34	0.10	0.58
2007	0.00	-0.22	0.02	0.78	0.54	-0.14	0.30	0.09	0.57
2008	0.00	-0.24	0.01	0.75	0.49	-0.12	0.27	0.09	0.52
2009	0.01	-0.22	0.00	0.72	0.47	-0.14	0.25	0.07	0.50
2010	0.02	-0.24	0.01	0.69	0.44	-0.13	0.22	0.07	0.47
2011	0.02	-0.22	0.00	0.69	0.43	-0.14	0.21	0.07	0.48
2012	0.02	-0.23	0.00	0.64	0.40	-0.13	0.19	0.06	0.41
2013	0.01	-0.23	-0.01	0.60	0.37	-0.13	0.18	0.06	0.36
2014	0.01	-0.23	-0.01	0.57	0.35	-0.11	0.16	0.06	0.33
2015	0.01	-0.21	-0.01	0.54	0.33	-0.10	0.16	0.06	0.30
2016	0.00	-0.21	-0.02	0.51	0.31	-0.09	0.15	0.05	0.27

表 5-3　1996—2016 年 8 种分解因素引起的碳排放与经济增长的脱钩状态

年　份	能源结构	能源强度	产业结构	土地经济产出	土地城镇化	城镇人口密度	人口城镇化	人口规模	总效应
1996	强	强	强	扩	弱	弱	弱	弱	弱
1997	强	强	强	扩	弱	弱	弱	弱	弱
1998	强	强	强	扩	弱	弱	弱	弱	弱
1999	强	强	强	扩	弱	弱	弱	弱	弱
2000	强	强	强	扩	弱	强	弱	弱	弱
2001	强	强	强	扩	弱	强	弱	弱	弱
2002	强	强	强	扩	弱	强	弱	弱	弱

续上表

年 份	能源结构	能源强度	产业结构	土地经济产出	土地城镇化	城镇人口密度	人口城镇化	人口规模	总效应
2003	强	强	强	扩	弱	弱	弱	弱	弱
2004	强	强	弱	扩	弱	强	弱	弱	弱
2005	强	强	弱	扩	弱	强	弱	弱	弱
2006	强	强	弱	扩	弱	弱	弱	弱	弱
2007	弱	强	弱	弱	弱	强	弱	弱	弱
2008	弱	强	弱	弱	弱	弱	弱	弱	弱
2009	弱	强	弱	弱	弱	弱	弱	弱	弱
2010	弱	强	弱	弱	弱	强	弱	弱	弱
2011	弱	强	弱	弱	弱	弱	弱	弱	弱
2012	弱	强	强	弱	弱	弱	弱	弱	弱
2013	弱	强	弱	弱	弱	弱	弱	弱	弱
2014	弱	强	强	弱	弱	弱	弱	弱	弱
2015	弱	强	强	弱	弱	强	弱	弱	弱
2016	弱	强	强	弱	弱	弱	弱	弱	弱

注:"强"代表"强脱钩","弱"代表"弱脱钩","扩"代表"扩张连接"。

能源强度是代表一个国家或地区技术进步的综合指标。研究期间,广东省平均能源强度逐年下降,从 1995 年的 0.73 吨标准煤/万元下降至 2016 年的 0.28 吨标准煤/万元,说明广东省技术水平有了很大提高。能源强度效应与经济增长的脱钩弹性值始终为负,说明能源强度是实现能源碳排放与经济增长脱钩的主要促进因素。

产业结构效应与经济增长的脱钩弹性值在 2004 年由负转正,其脱钩状态由强脱钩转变为弱脱钩,主要是由于 2004—2012 年以来广东产业向重化工业转型,第二产业比重上升,第三产业比重下降所导致的产业结构不合理调整引起的(见图 5-3)。表明 2004—2012 年以来,广东省产业结构调整并没有收到碳减排的效果,反而起到促进碳排放的作用。2013 年以来,产业结构不断得到调整,第三产业比重超过第二产业比重,由此产生的碳排放与经济增长再次回归到强脱钩状态。

土地经济产出作为经济发展水平的一种表征形式,其与经济增长密切相关,因此,1996—2006 年土地经济产出效应与经济增长之间始终表现为扩张连接状态,其脱钩弹性值从 1996 年的 0.97 增加到 2006 年的 0.80,说明这一时期土地经济产出是能源碳排放与经济增长脱钩的重要抑制因素;2007 年之后,脱钩状态由扩张连接转变为弱脱钩。

人口规模始终表现为弱脱钩,但人口规模的脱钩弹性值变化幅度较小,说明人口规模变化对广东能源碳排放与经济增长脱钩关系的变化影响较小。

研究期内,广东省土地城镇化和人口城镇化的脱钩弹性值均呈倒"N"形波动

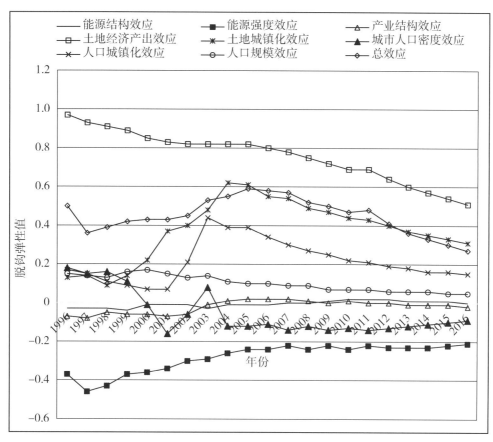

图 5-3 1996—2016 年各分解因素的脱钩弹性值变化趋势

(见图 5-2),说明两个城镇化指标的脱钩状态很不稳定,容易受外来因素的影响。但两个倒"N"形的转折点所处的年份不同,土地城镇化在 1998—2004 年为上升阶段,人口城镇化则在 2000—2003 年为上升阶段。除 1996—1998 年,其他年份土地城镇化效应与经济增长的脱钩弹性值均大于人口城镇化效应与经济增长的脱钩弹性值,说明研究期内,土地城镇化对能源碳排放与经济增长脱钩的抑制作用要强于人口城镇化的作用。

城市人口密度是土地城镇化和人口城镇化综合作用的结果,1996—1999 年城市人口密度效应与经济增长之间表现为弱脱钩状态,1999 年之后转变为强脱钩状态,说明广东省城市人口密度下降有利于碳减排,它是 2000 年以来能源碳排放与经济增长脱钩的重要促进因素。

根据表 5-2 和图 5-3,对广东能源碳排放与经济增长的脱钩关系从以下两个阶段进行分析:

第一阶段(1996—2005 年):弱脱钩减弱阶段。该阶段广东能源碳排放与经济增长呈现弱脱钩的低碳经济特征。两者之间的脱钩弹性值(除 1997 年之外)呈逐年增加趋势,从 1996 年 0.50 增加到 2005 年的 0.59。其中,1997 年能源碳排放与经济增长的脱钩弹性值有明显的下降,这主要归因于 1997 年开始的亚洲金融危机对广东经

济和能源碳排放的影响，金融危机直接导致了广东经济增速的减缓，同时，致使广东能源碳排放的增加速度也受到一定程度的影响，使得能源碳排放与经济增长之间出现暂时的脱钩加强过程。

1997 年之后，随着广东经济的复苏和工业化进程的加快，广东经济和能源碳排放均呈快速增加态势，两者之间的脱钩关系逐年减弱，低碳经济特征也越来越不明显。两者脱钩关系的减弱主要受土地城镇化和人口城镇化的影响。其中，"九五"后期（1998—2000 年），土地城镇化先于人口城镇化展开扩张态势，"十五"期间（2001—2005 年），土地城镇化和人口城镇化均有较大幅度的上升，这与广东的房地产投资、房价相对较低、较宽松的土地政策有关。土地城镇化和人口城镇化的脱钩弹性值分别从 2001 年的 0.37 和 0.07 增加到 2005 年的 0.61 和 0.39，说明该时期土地经济产出的增加和城镇化进程的加快都是不利于能源碳排放与经济脱钩的。尽管这一时期，能源强度变化带来的能源碳排放与经济增长呈强脱钩关系，但这个强脱钩关系在减弱，无法抵消两类城镇化效应与经济增长脱钩造成的不利影响。因此，1996—2005 年，城镇化是广东能源碳排放与经济脱钩的主要抑制因素，而能源强度是主要促进因素。

第二阶段（2006—2016 年）：弱脱钩增强阶段。该阶段碳排放与经济增长的脱钩弹性值不断下降，土地经济产出效应、土地城镇化效应和人口城镇化效应与经济增长的脱钩弹性值变化趋势与总脱钩弹性值变化趋势一致，说明三者是影响能源碳排放与经济增长弱脱钩增强的重要因素。"十一五"期间，土地城镇化的增长速度仍然较快，但较"十五"期间略有减缓，人口城镇化在"十一五"期间的增速则几乎为零。导致两种城镇化不协调发展的重要原因是，随着经济的发展和地方财政对土地和房地产的过度依赖，城镇在空间上快速扩张，农民的土地被城镇化蚕食，但由于广东省户籍政策的限制，不能务农的大部分农民并没有真正融入现代城市当中。这也体现了该阶段广东城镇化追求的是空间的快速扩张和蔓延式发展。该阶段土地经济产出、土地城镇化、人口城镇化三种分解因素引起的碳排放与经济增长之间的脱钩弹性值均呈下降趋势，说明该阶段这三种分解因素的变化有利于广东能源碳排放与经济增长脱钩，致使 2005—2016 年广东能源碳排放与经济增长保持较为稳定的弱脱钩增强状态。

第五节　本章小结

本章基于扩展的 Kaya 恒等式和 Tapio 脱钩模型，构建了广东省能源碳排放脱钩弹性分解量化模型，将广东省能源碳排放与经济增长脱钩分解为包括城镇化指标在内的共 8 种因素的影响，以探索广东省能源碳排放与经济增长的脱钩关系及主要影响因素。

研究结果表明，1996—2016 年广东能源碳排放与经济发展之间的脱钩弹性值总体呈先增加后减小的变化趋势，其脱钩状态由 1996—2005 年的弱脱钩减弱阶段转变为 2006—2016 年的弱脱钩增强阶段。前一阶段，城镇化是能源碳排放与经济脱钩的主要抑制因素，而能源强度是主要促进因素；后一阶段，土地经济产出、土地城镇化和人口城镇化是影响脱钩增强的主要因素，能源强度仍然是主要促进因素。除此之外，政策和技术等外部冲击对广东能源碳排放与经济增长脱钩关系的间接影响也不容忽视。短期内广东无法实现能源碳排放与经济增长的有效脱钩，实现低碳省建设任重道远。

第六章 广东省能源碳排放空间格局演变趋势研究

空间格局是指生态或地理要素的空间分布与配置。对能源碳排放不同尺度空间格局演变的研究，可以通过自上而下的层层剥离，找到能源碳排放高、中、低的具体位置，为局域、精细化碳减排政策的制定提供更加高效和精确的定位和参考。

第一节 不同尺度能源碳排放核算

由于我国不同尺度区域能源消费统计口径不统一，为了使不同尺度的空间数据与总数据保持一致，本章建立了省－市－区县能源碳排放的核算方法，具体如下。

一、21个地级市能源碳排放核算

由于各市统计口径存在差异，致使广东省21个地级市的能源消费量、GDP等指标的加和与全省总量数据不一致，理应进行数据调整，以使21个地级市数据之和等于全省总量。但又考虑到对21个地级市能源碳排放的核算结果不仅用于碳排放空间分布特征的简单描述，后续还要用来进行空间计量经济分析、追赶脱钩研究等，加之各市对单位GDP能耗的核算相对来说比较严格，相比于我们自己搜集能源数据进行汇总更加可靠。因此，为了保证广东省21个地级市能源数据的完整性和可获得性，本书21个城市的能源碳排放量通过各市单位GDP能耗和全省平均碳排放系数核算得来，公式如下：

$$C_i = EI_i \times GDP_i \times Coe_{aver} \qquad (6-1)$$

$$Coe_{aver} = \frac{C}{E} = \frac{\sum_j E_j \times Coe_j}{\sum_j EI_i \times GDP_i} \qquad (6-2)$$

式中：E 为能源消费量（标准煤当量）；C 为能源消费产生的碳排放总量；$i=1, 2, \cdots, 21$，分别代表广东省21个地级市；EI_i 为 i 市的单位GDP能耗，Coe_{aver} 是能源的平均碳排放系数；j 为能源种类，$j=1, 2, \cdots, 17$，分别代表原煤、洗精煤、天然气等共17种能源类型；Coe_j 为 j 类能源的碳排放系数，具体见第三章中表3-1。根据公式（6-2）计算的全省能源平均碳排放系数见表6-1。

表6-1 广东省能源平均碳排放系数(吨碳/吨标准煤)

年份	2005	2006	2007	2008	2009	2010	2011	2012	2013	2014	2015	2016
Coe_{aver}	0.67	0.67	0.67	0.67	0.66	0.68	0.67	0.67	0.66	0.66	0.65	0.64

二、县域能源碳排放核算

由于区县尺度的能耗数据不完整，且不同区县统计的口径也存在差异，致使各区县汇总数据与全省数据相差较大。为了保证尺度之间数据可以与省级总数据吻合，本文构建了"基于不同类型数据来源的区县尺度能源碳排放测算修正模型"，破解因数据不完整而造成无法开展此类研究的难题。计算公式如下：

$$P_{ik} = E_k / E_i \quad (6-3)$$

$$C_{ik} = p_{ik} \times C_i \quad (6-4)$$

p_{ik}是根据i市对能源的统计口径和统计特点核算出的k区县能源消费占i市能源消费总量的比例。C_{ik}是i市k区县能源碳排放量，为了保证不同空间尺度数据的一致性，k区县能源碳排放数据根据公式（6-3）计算出的i市碳排放数据按比例进行了修正。虽然数据会存在一定的误差，但作为趋势分析，不会对研究结论造成实质的影响。

三、基于主体功能区的能源碳排放核算

本文选取广东省优化开发、重点开发、生态发展（包括重点生态功能区和农产品主产区）四类主体功能区作为核算分析对象，因广东省禁止开发区为各类自然保护区、公园等，地点零散且碳排放量非常少，故此处不将其列为核算对象。根据《广东省主体功能区规划》中对四类主体功能区的划分，结合区县能源碳排放核算结果，汇总各类主体功能区内区县碳排放数据，从而得出四类主体功能区的碳排放数据。本文选取广东省优化开发、重点开发、生态发展（包括重点生态功能区和农产品主产区）四类主体功能区作为核算分析对象，因广东省禁止开发区为各类自然保护区、公园等，地点零散且碳排放量非常少，故此处不将其列为核算对象。

主体功能区以区县为基本单元，因此，只需将通过公式（6-3）、公式（6-4）计算所得的区县数据归入所在的主体功能区即可获得各类主体功能区的相应数据。

第二节 广东省能源碳排放空间分布格局及演变趋势研究

由表6-2可知，2005—2016年，广东省经济总量从24876.68亿元逐年增加到82215.44亿元，年均增速11.48%。能源消费量及其碳排放量分别从2005年的

19315.22万吨标准煤和12941.20万吨逐年增加到40331.25万吨标准煤和25812.00万吨，年均增速分别为6.92%和6.48%，经济增速普遍大于能源消费和碳排放增速，因此，能源强度和碳排放强度逐年下降，分别从2005年的0.78吨标准煤/万元和0.52吨碳/万元减小到2016年的0.49吨标准煤/万元和0.31吨碳/万元，年均下降率分别为4.09%和4.49%，即能源强度和碳排放强度具有几乎相同的下降速率。说明研究期间，广东省能源利用效率得到一定程度的提高，而碳生产率的提高主要得益于能源利用效率的提高。

表6-2 2005—2016年广东省GDP、能源消费、碳排放、能源强度和碳排放强度

年 份	能源消费量（万吨标准煤）	碳排放量（万吨）	GDP（2010年不变价，亿元）	能源强度（吨标准煤/万元）	碳排放强度（吨标准煤/万元）
2005	19315.22	12941.20	24876.68	0.78	0.52
2006	21724.90	14555.68	28939.30	0.75	0.50
2007	24371.73	16329.06	33630.53	0.72	0.49
2008	26088.02	17478.97	37832.54	0.69	0.46
2009	27744.14	18311.13	41940.63	0.66	0.44
2010	30463.61	20715.25	47557.65	0.64	0.44
2011	32451.18	21742.29	52905.51	0.61	0.41
2012	33822.61	22661.15	58004.04	0.58	0.39
2013	35834.22	23650.59	64417.71	0.56	0.37
2014	37508.54	24755.63	70114.83	0.53	0.35
2015	38526.84	25042.44	76062.02	0.51	0.33
2016	40331.25	25812.00	82215.44	0.49	0.31
年均增速/%	6.48	6.92	11.48	-4.09	-4.49

一、全省平均碳排放系数

根据公式（6-2）计算的全省能源平均碳排放系数变化趋势见图6-1。平均碳排放系数是反映能源结构清洁化、低碳化和碳减排水平的综合指标。总体来看，2005—2016年，广东省能源平均碳排放系数和产业部门能源平均碳排放系数均呈逐年下降趋势。其中，产业部门能源平均碳排放系数减幅较小，全省平均碳排放系数比生产部门减幅要大，特别是从2012年开始，全省平均碳排放系数呈显著下降趋势。说明从2012年开始，广东省能源呈现结构清洁化、低碳化发展。

二、能源碳排放总量空间分布格局及演变趋势

1. 基于主体功能区的空间分布

从主体功能区划分来看，2005—2016年，四类主体功能区的碳排放总量均呈逐

图 6-1 2005—2016 年广东全省及生产部门平均碳排放系数变化走势

年上升变化走势（见图 6-2）。其中，优化开发区的碳排放量最大，其碳排放量从 2005 年的 8611 万吨增加到 2016 年的 16741 万吨，但从增加速度来看，2011—2016 年的平均增速为 3%，明显慢于 2005—2010 年的平均增速（9.86%）。重点开发区主要分布在珠江三角洲外围的广东东部和西部沿海地区，还有一部分点状分布在北部的山区内。重点开发区碳排放量仅次于优化开发区，碳排放量从 2005 年的 2748 万吨增加到 2016 年的 5673 万吨，与优化开发区类似，2011—2016 年的平均增速（4.3%）也明显慢于 2005—2010 年的平均增速（8.73%），但是，相较于 2011—2015 年，2016 年碳排放增速有明显加快趋势，2016 年的增速达到了 9.5%。因此，重点开发区应该加大节能减排力度和措施，在经济高速发展的同时，警惕高碳排放时代的回潮。优化开发区和重点开发区的碳排放之和占碳排放总量的比重达 86% 以上，是节能减排的重点区域。

广东省农产品主产区是国家"七区二十三带"农业战略格局中华南农产品主产区，主要出产优质水稻、甘蔗和水产品。农产品主产区的碳排放主要来源于农业机械运作而直接或间接消耗化石燃料（主要是农用柴油）所产生的碳排放，农产品主产区的碳排放大于重点生态功能区的碳排放量。所以，农产品主产区的碳减排应该从提高农作物机械化耕作效率和转变耕作方式上下功夫。

由图 6-2 可见，2005—2016 年，四类主体功能区碳排放总量的空间分布格局没有发生变化。碳排放总量从大到小依次为：优化开发区＞重点开发区＞农产品主产区＞重点生态功能区。

2. 基于行政区划的空间分布

2005—2016 年广东省 21 个地级市的碳排放总量均呈上升走势（见图 6-3），但

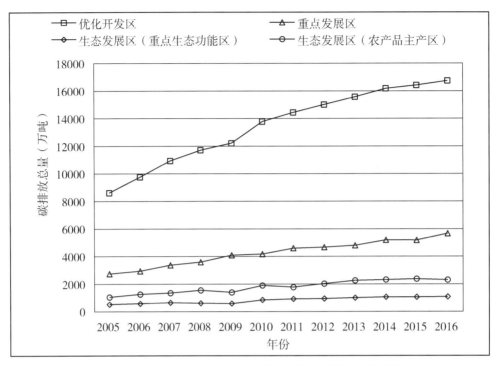

图6-2 2005—2016年基于主体功能区的能源碳排放总量时空变化

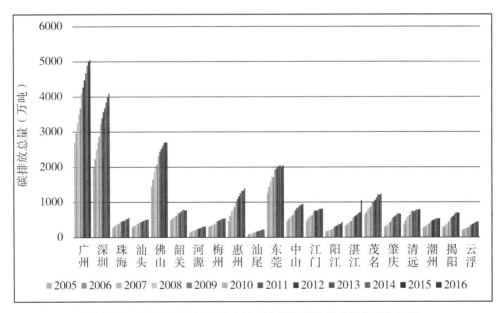

图6-3 2005—2016年21个地级市能源碳排放总量的变化趋势

研究发现期初和期末碳排放总量的空间分布格局发生了较大变化（见表6-3）。2005年，碳排放总量最高的区域为珠三角地区的广州市，碳排放最低的区域为粤西地区的云浮市、阳江市，粤北地区的河源市、汕尾市。2016年，经济发展迅猛的深圳市已经进入高碳排放区域行列。梅州市、潮州市和汕尾市从中下水平区域进入最低水平区域行列。主要是因为梅州市大部分地区被划入国家或省级重点生态功能区、国家级农产品主产区，是广东绿色崛起先行市、韩江上游重要的生态屏障和水源保护地，工业发展受限，能源消费和碳排放总量增速减慢。潮州和汕头大部分地区为重点开发区，但由于潮汕地区是以精制典雅见著的潮汕文化的发源地，是国内外有重要影响力的历史文化名城，其产业以重点发展现代服务业，承接高新技术产业和总部经济为主，对传统能源的需求不高，产生的碳排放也不高。由此可见，主体功能区规划及其配套政策的实施是造成其空间分布格局变化的重要原因之一。

表 6-3　2005—2016 年 21 个地级市碳排放总量的空间分布格局变化

分　　类	2005 年	2016 年
低碳排放总量区	河源、汕尾、云浮、阳江	河源、汕尾、云浮、阳江、梅州、潮州、汕头
中下碳排放总量区	梅州、潮州、揭阳、汕头、肇庆、湛江	揭阳、中山、江门、肇庆、清远、韶关
中等碳排放总量区	惠州、中山、江门、茂名、清远、韶关	惠州、茂名、湛江
中上碳排放总量区	深圳、佛山、东莞	佛山、东莞
高碳排放总量区	广州	广州、深圳

三、人均碳排放量空间分布格局及演变趋势

1. 基于主体功能区的空间分布

从主体功能区划分来看，2005—2016 年，优化开发区人均碳排放量出现两个增速减缓或下降阶段，但导致两个时期人均碳排放量增速减缓或下降的原因却不相同。2008—2009 年，主要是因为 2008 年亚洲金融危机和我国南方雪灾导致的经济发展受限所致；2015—2016 年呈显著下降趋势是因为主体功能区政策实施以来对优化开发区的限制所致。重点开发区的人均碳排放量变化趋势与其碳排放总量的变化趋势基本保持一致。两类生态功能区的人均碳排放量变化趋势略有不同，重点生态功能区人均碳排放量总体呈缓慢上升趋势，但在 2008—2009 年出现下降趋势，其原因与 2008 年南方雪灾有关。2008 年南方雪灾爆发，广东北部是重点生态功能区重点灾区之一，也是重点生态功能区的集聚地之一，经济发展严重受限。2010 年基础设施重建，能源消费和碳排放量暂时快速上升。主体功能区划分之后，能源消费和碳排放增速逐年减缓。农产品主产区的人均碳排放量的变化走势与重点生态功能区的变化走势基本一致。

2005—2016 年，人均碳排放量的空间分布格局保持不变，四类区域的人均碳排放量大小排序依次为优化开发区＞重点开发区＞农产品主产区＞重点生态功能区。见图 6-4。

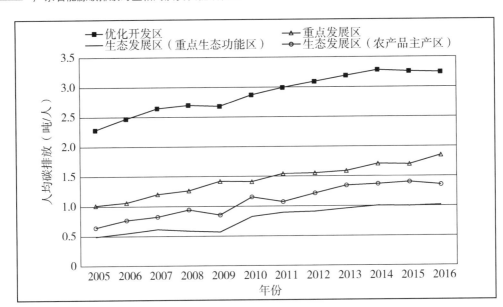

图 6-4　2005—2016 年基于主体功能区的人均碳排放量时空变化

2. 基于行政区划的空间分布

21 个地级市的人均碳排放量在整体上呈现逐年上升趋势（见图 6-5），但由于人均碳排放量受碳排放量增速和人口规模增速的影响，因此，个别城市的人均碳排放量并没有单一地增加，广州、佛山、深圳、韶关、云浮等城市在 2015—2016 年又呈现下降的趋势。

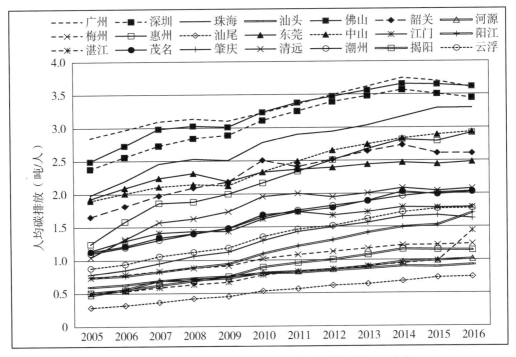

图 6-5　2005—2016 年 21 个地级市人均碳排放量时空变化

从人均碳排放量的行政区划分布格局来看（见表6-4），2005年人均碳排放量最小的区域分布在粤北地区的河源市，粤东地区的揭阳市、汕头市和汕尾市，以及粤西地区的湛江市。人均碳排放量最大的地区为珠三角地区的广州、深圳和佛山。2016年，珠海市进入高人均碳排放量区域行列；梅州市从中下人均碳排放量区域进入低人均碳排区域，江门市从中等人均碳排放量区域进入中下人均碳排放量区域，而湛江市则从低人均碳排放量区域进入中下人均碳排放量区域。2016年，江门市和梅州市人均碳排放量所处的级别均比2005年降低了一级。其中，江门台山市拥有我国最大的燃煤火电厂，2005—2013年，台山市能源消费及其碳排放量占全市总量的比例逐年上升，2013年占比高达58.4%，2012年主体功能区规划中将台山市、开平市和恩平市划入国家级农产品主产区，加上2013年台山核电站开始投入运行，火力发电面临技术升级、设备整改等节能减排问题，2014年开始，台山市碳排放量逐年下降，人均碳排放量水平随之下降。梅州市大部分地区被划入国家或省级重点生态功能区、国家级农产品主产区，是广东绿色崛起先行市、韩江上游重要的生态屏障和水源保护地，人均碳排放量也呈下降趋势。湛江市的人均碳排放量增加速度较粤西其他地级市要快，主要是因为湛江市大部分地区被划入国家级重点开发区域北部湾地区湛江部分，湛江市是粤西地区中心城市、全国重要的沿海开放城市，借助主体功能区的政策利好，发展势头强劲，"十三五"时期，宝钢湛江钢铁基地、中科炼化一体化、晨鸣浆纸、雷州大唐电厂等重大能耗项目以及一批上下游产业链配套项目相继集中建设，拉动了湛江市能源消费总量大幅上升，碳排放量随之增加。

表6-4　2005—2016年21个地级市人均碳排放量的空间分布格局变化

分　　类	2005年	2016年
低人均碳排放量区	河源、揭阳、汕头、汕尾、湛江	河源、梅州、汕头、汕尾、揭阳
中下人均碳排放量区	梅州、肇庆、云浮、阳江	肇庆、云浮、江门、阳江、湛江
中等人均碳排放量区	惠州、清远、潮州、江门、茂名	清远、潮州、茂名
中上人均碳排放量区	东莞、中山、珠海、韶关	东莞、中山、惠州、韶关
高人均碳排放量区	广州、深圳、佛山	广州、深圳

四、碳排放强度空间分布格局及演变趋势

1. 基于主体功能区的空间分布

2005—2016年，四类主体功能区的碳排放强度均呈下降趋势（见图6-6）。生态发展区（农产品主产区）碳排放强度最高，其次为重点开发区、生态发展区（重点生态功能区），优化开发区的碳排放强度最小，这主要是因为其经济发展水平高，能源利用效率也相对较高，并且优化开发区还积极开发新能源和可再生能源，提升风能、太阳能等新能源利用水平。已建成的大亚湾和岭澳核电站及未来油气管网的一体化建设也将进一步优化其能源布局和结构。研究期间，除个别年份外，碳排放强度的

空间分布格局没有发生变化。

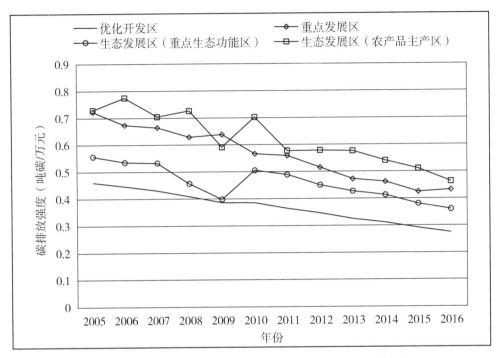

图6-6 2005—2016年基于主体功能区的碳排强度时空变化

2. 基于行政区划的空间分布

从碳排放强度的行政空间分布格局来看（见表6-5），2005年碳排放强度最小的区域分布在沿海地区，碳排放强度最大的地区分布在粤北地区的韶关市。2016年，除深圳市、珠海市和汕尾市以外，珠三角地区的广州市、粤东沿海地区的汕头市同时进入碳排放强度最小的区域行列。除韶关市，粤东西北地区的潮州市、云浮市和清远市同时进入碳排放强度最大的地区行列。研究期内，变化最大的是湛江市，碳排放强度从中下水平跃升为中上水平，其原因与人均碳排放量快速增加的原因一致，即旺盛的发展需求带来能源消费及碳排放的快速增加。

由此可见，21个地级市碳排放强度的空间分布规律与基于主体功能区的空间分布规律有所不同，碳排放强度低的地区不仅分布在经济发达区域，同时也分布在粤北不发达地区，但两者形成的原因不同。发达地区碳排放强度低是因为一方面经济总量大，另一方面产业结构优化调整、节能减排技术水平高使得碳排放总量的增长速度减缓，从而使得单位GDP碳排放量变小；而不发达地区是因为地处生态发展区，能源消费量及其碳排量少，因此，其单位GDP碳排放也相对较小。

表6-5　2005—2016年21个地级市碳排放强度的空间分布格局变化

分　类	2005年	2016年
低碳排放强度区	深圳、珠海、汕尾	深圳、珠海、汕尾、汕头、广州
中下碳排放强度区	广州、中山、汕头、湛江	佛山、东莞、中山、江门
中等碳排放强度区	佛山、东莞、惠州、肇庆、江门、阳江、河源、揭阳	河源、揭阳、肇庆、阳江
中上碳排放强度区	梅州、潮州、清远、云浮、茂名	惠州、梅州、茂名、湛江
高碳排放强度区	韶关	韶关、潮州、清远、云浮

五、小结

从经济发展水平来看，研究期间，各类主体功能区的经济发展水平逐年提高（见图6-7、图6-8），其中，优化开发区的发展水平最高，人均GDP从2005年的5万元上升为2016年的11.8万元，其次为重点发展区，两类生态发展区的经济发展水平比较接近。

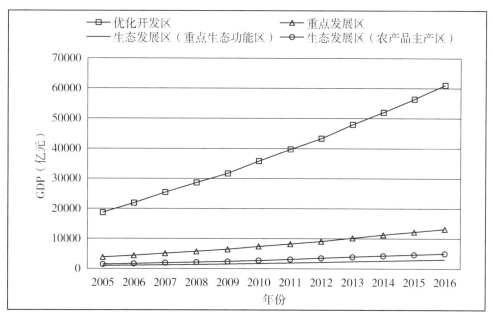

图6-7　2005—2016年基于主体功能区的经济总量的时空变化

综合以上分析，得出以下结论：

（1）优化开发区经济发展水平最高，其能源消费带来的碳排放总量、人均碳排放量也最高，远大于其他三类主体功能区；但碳排放强度反而最低。主要是因为：一方面，其经济总量的增长速度远大于碳排放总量的增长速度，从而在整体上拉低了该地区的碳排放强度；另一方面，随着经济发展水平和各行各业工艺技术水平的提高，

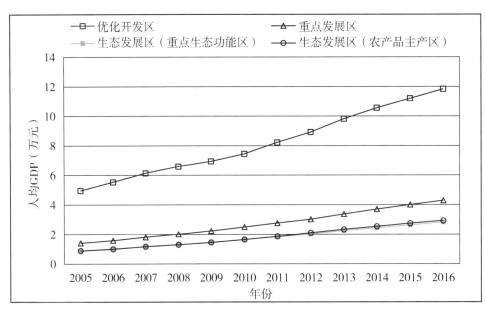

图6-8 2005—2016年基于主体功能区的人均GDP的时空变化

能源利用效率也逐渐提高。

（2）重点开发区是重点进行工业化城镇化开发的城市化地区，发展需求旺盛，尽管碳排放总量和人均碳排放量与优化开发区相比还有很大的差距，但其碳排放强度却远大于优化开发区，主要是因为重点开发区定位为"推动全省经济持续增长的重要增长极"，需要大力发展基础产业，形成工业密集带，因此，不可避免地发展一些高耗能的产业，造成对能源的大量消耗。

（3）两类生态功能区的经济发展水平均处于较低水平，碳排放总量和人均碳排放量也处于较低水平，其中，农产品主产区的碳排放总量和人均碳排放量略高于重点生态功能区，但碳排放强度远大于重点生态功能区。从保障国家农产品安全以及永续发展的需要出发，农产品主产区的首要任务是增强农业综合生产能力。随着我国农村经济的发展和农业现代化进程的加快，化肥、农药、农业机械等高碳型生产资料大量投入使用，农业生产中能源消耗越来越大。这就造成了农产品主产区"经济上不去、能耗下不来"的尴尬局面，使得农产品主产区成为碳排放强度最高的功能区。

第三节 三类指标的空间匹配关系研究

一、21个地级市的碳排放指标空间匹配关系

1. 碳排放总量与人均碳排放量的空间匹配关系

从21个城市的碳排放总量和人均碳排放量在空间上匹配的情况来看（见图6-

9），除个别城市之外（图中星号标记城市为珠海市，珠海市具有低的碳排放总量却具有高的人均碳排放量），其他城市均表现为碳排放总量与人均碳排放量在空间上匹配，即排放总量高的地区，人均碳排放量也高。

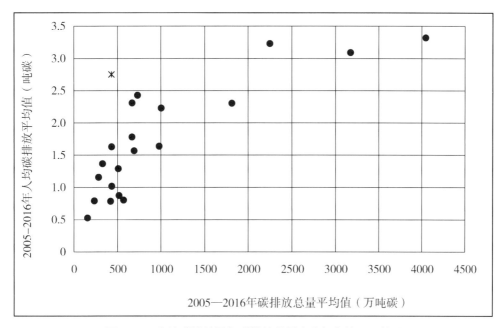

图 6-9 人均碳排放量与碳排放总量在空间上的匹配关系

2. 碳排放总量与碳排放强度的空间匹配关系

从 21 个城市的碳排放总量和碳排放强度在空间上的匹配情况来看（见图 6-10），总体可以分为两类，一类是碳排放总量越高的地区，其人均碳排放量强度越小；另一类是碳排总量小的地区，其碳排放强度也小，例如，下图中星号标注的珠海市、汕头市、梅州市、汕尾市、阳江市、云浮市等。

3. 人均碳排放量与碳排放强度的空间匹配关系

人均碳排放量和碳排放强度的空间匹配关系与碳排放总量和碳排强度的空间匹配关系类似（见图 6-11），即人均碳排放量越高的地区，碳排放强度越低。

综上所述，三个指标在空间上的匹配关系总体可以分为两类：一类是碳排放总量高的地区，人均碳排放量也高，但是碳排放强度却小。这一类地区一般位于珠三角经济发达地区的优化开发区，或者珠三角周边重点开发区；另一类是三类指标均比较小的地区，这些地区一般分布在粤东西北的偏远山区，在主体功能定位上一般为生态发展区，特别是重点生态功能区。这些城市中，珠海市比较例外，即具有低的碳排放总量、低的碳排放强度，却有高的人均碳排放量，这主要是因为珠海市经济发展以外向型经济为主，发展水平较高，且近年来产业结构不断优化升级，2016 年第三产业比重首次突破 50%，三次产业比重为 2.2∶47.6∶50.2，其经济结构与发达国家和地区的经济结构相比已经比较接近，因此，其碳排放总量和碳排放强度较其他珠三角城市要小；同时，珠海市是全省人口规模最小的地区，2016 年全市年末常住人口仅有 167.5 万

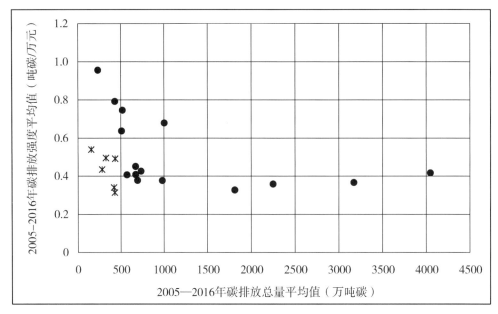

图 6-10　碳排放总量与碳排放强度在空间上的匹配关系

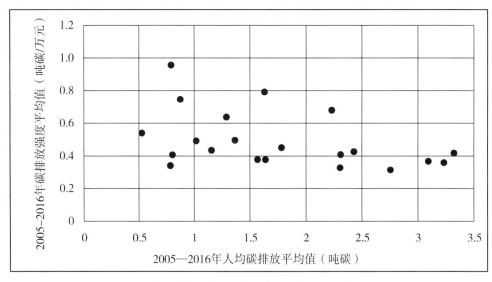

图 6-11　人均碳排放量与碳排放总量在空间上的匹配关系

人，只有广州市年末常住人口的九分之一，因此，其人均碳排放量也相对较高。

二、区县的碳排放指标空间匹配关系

2005—2016 年广东省 125 个区县的碳排放总量、人均碳排放量基本呈上升趋势，碳排放强度呈下降趋势。从 2005 年（见图 6-12）、2016 年（见图 6-13）广东省 125 个区县的碳排放总量、人均碳排放量和碳排放强度平行轴分布情况来看，2005—2016 年期间，三者的关系没有发生变化，大体可以描述为：碳排放总量和人均碳排放量高的地区,碳排放强度反而低;碳排放总量和人均碳排放量低的地区,碳排放强度反而高。即碳排放总量和人均碳排放量两指标分布比较一致,它们与碳排放强度分布格局基本呈相反态势。也有一些地区例外,比如,东莞市碳排放总量高,但由于人口规模大,使得人均碳排放量却比较低。韶关市曲江区碳排放总量较小,由于人口规模也比较小,其人均碳排放量比较高;同时,由于地处粤北重点生态功能区,经济落后,致使其碳排放强度居全省首位。2005年该地区碳排放强度高达5.36吨/万元,虽然与全省其他区县一样,碳排放强度呈逐年下降趋势,但截至2016年,其碳排放强度为4.17吨/万元,仍然居全省首位。

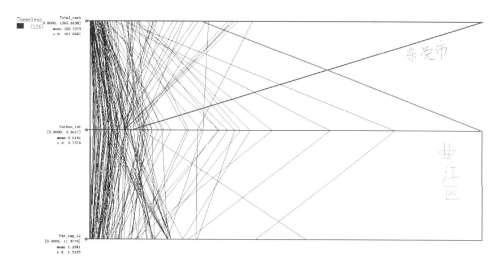

图6-12 2005年碳排放强度、人均碳排放量和碳排放强度空间匹配性

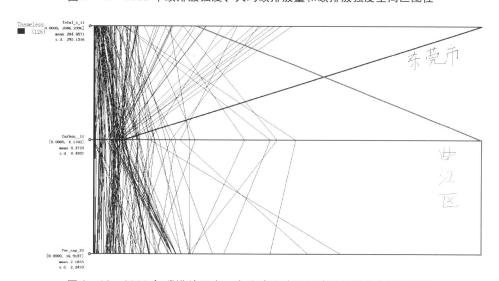

图6-13 2016年碳排放强度、人均碳排放量和碳排放强度空间匹配性

第七章 能源碳排放与经济增长脱钩的空间差异性研究

第一节 能源碳排放与经济增长脱钩核算方法

能源碳排放与经济增长脱钩核算方法已经在第五章做了详细介绍，本节对广东省 21 个地级市能源碳排放与经济增长脱钩核算仍然采用 Tapio 脱钩模型，即：

$$D_{\text{Tapio}}(C, GDP) = \frac{\Delta C/C}{\Delta GDP/GDP} \quad (7-1)$$

式中：C 为某一时间段内起始年的碳排放量；ΔC 为某一时间段内终点年相对于起始年的碳排放量变化值；GDP 为某一时间段内起始年的国内生产总值；ΔGDP 为某一时间段内终点年相对于起始年的 GDP 变化量；$D_{\text{Tapio}}(C, GDP)$ 为碳排放与经济增长的 Tapio 脱钩弹性值，表征碳排放的 GDP 弹性。本章研究时间段为 2005—2016 年（注：脱钩计算以 2005 年为基础年），将分别从两个角度分析广东省 21 个地级市能源碳排放与经济增长的脱钩关系，即分别以上一年为基期的逐年脱钩关系和以 2005 年为起始年的累计脱钩关系进行分析。

8 种脱钩状态同表 5-1。

第二节 碳排放与经济增长脱钩的空间差异性研究

一、碳排放与经济增长逐年脱钩空间差异性研究

2006—2016 年（注：从 2006 年开始有数据），21 个地级市的逐年脱钩弹性值总体上呈下降趋势（见图 7-1）。2005 年我国开始部署节能减排工作，广东积极响应节能减排号召，制定了"十一五"期间实现单位 GDP 能耗较"十五"末期下降 16%的减排目标。"十一五"前两年（2006—2007 年），广东在节能减排的压力下实现了经济的快速增长（增速为 15%）。2008 年受世界金融危机和南方雪灾的重大影响，广东省经济遭受重创，增速快速下降，对能源的需求随之下降，21 个城市的经济发展与碳排放基本实现了弱脱钩。2010 年，随着政府投资拉动和社会基础设施重建的需要，钢铁、水泥、电力需求不断恢复，能源消费量开始逐年增加，经济发展对能源的

依赖性随之增大，2010年相较于2009年脱钩弹性值突增，21个地级市的能源碳排放与经济增长均表现为扩张连接状态。"十二五"以来，广东省面临更加严峻的节能减排压力，即要实现2015年单位GDP能耗在2010年基础上下降18%，单位GDP二氧化碳排放下降19.5%的硬性节能减排目标，广东省将这一目标分解到21个城市。在此背景下，广东省各市为完成节能减排目标积极采取相应的减排措施，取得了良好的减排效果。2011—2015年广东省各城市的脱钩弹性值逐年下降，2015年有9个城市的能源碳排放与经济发展实现了强脱钩（见表7-1）。2016年相较于2015年，9个实现了强脱钩的城市均转变为弱脱钩，佛山和肇庆两市由弱脱钩转变为强脱钩，阳江和湛江两市从弱脱钩转变为扩张负脱钩，其他城市的弱脱钩状态也在减弱。说明各地级市2016年经济发展对能源消费的依赖性较2015年有所增强。

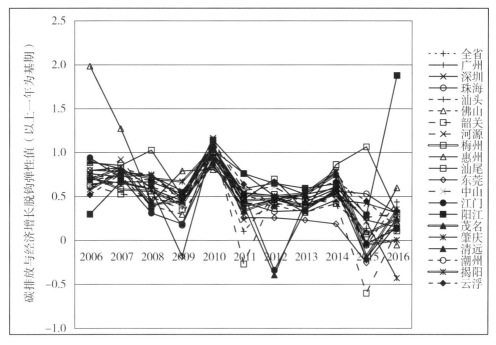

图7-1　2006—2016年广东省及其21个地级市的碳排放与经济增长逐年脱钩弹性值的变化趋势（以上一年为基期）

表 7-1 2006—2016 年广东全省及 21 个地级市的碳排放与经济增长的逐年脱钩弹性值及脱钩状态（以上一年为基期）

年份	2006		2007		2008		2009		2010		2011		2012		2013		2014		2015		2016	
区域	脱钩值	脱钩状态	脱钩值	脱钩状态	脱钩值	脱钩状态	脱钩值	脱钩状态	脱钩值	脱钩状态	脱钩值	脱钩状态	脱钩值	脱钩状态	脱钩值	脱钩状态	脱钩值	脱钩状态	脱钩值	脱钩状态	脱钩值	脱钩状态
全省	0.76	弱	0.75	弱	0.56	弱	0.44	弱	0.98	扩连	0.44	弱	0.44	弱	0.39	弱	0.53	弱	0.14	弱	0.38	弱
广州	0.64	弱	0.67	弱	0.58	弱	0.45	弱	0.85	扩连	0.38	弱	0.47	弱	0.37	弱	0.56	弱	0.23	弱	0.15	弱
深圳	0.80	弱	0.78	弱	0.74	弱	0.56	弱	0.99	扩连	0.54	弱	0.51	弱	0.31	弱	0.46	弱	0.42	弱	0.31	弱
珠海	0.80	弱	0.83	扩连	0.60	弱	0.17	弱	0.94	扩连	0.43	弱	0.33	弱	0.34	弱	0.56	弱	0.53	弱	0.31	弱
汕头	0.58	弱	0.82	扩连	0.74	弱	0.46	弱	0.96	扩连	0.10	弱	0.49	弱	0.40	弱	0.53	弱	-0.06	强	0.44	弱
佛山	0.72	弱	0.73	弱	0.39	弱	0.29	弱	0.88	扩连	0.43	弱	0.40	弱	0.32	弱	0.42	弱	0.10	弱	-0.05	强
韶关	0.63	弱	0.53	弱	0.50	弱	0.35	弱	1.13	扩连	-0.27	强	0.52	弱	0.47	弱	0.42	弱	-0.60	强	0.11	弱
河源	0.69	弱	0.92	扩连	0.47	弱	0.44	弱	1.17	扩连	0.24	弱	0.39	弱	0.54	弱	0.78	弱	0.26	弱	0.30	弱
梅州	0.73	弱	0.58	弱	0.56	弱	0.40	弱	0.97	扩连	0.45	弱	0.47	弱	0.40	弱	0.53	弱	0.07	弱	0.24	弱
惠州	1.98	扩负	1.27	扩连	0.43	弱	0.79	弱	0.81	扩连	0.59	弱	0.65	弱	0.52	弱	0.59	弱	-0.03	强	0.60	弱
汕尾	0.89	扩连	0.85	扩连	1.03	扩负	0.50	弱	1.06	扩连	0.47	弱	0.70	弱	0.33	弱	0.86	弱	1.06	扩连	0.31	弱
东莞	0.70	弱	0.65	弱	0.58	弱	-0.18	强	1.11	扩连	0.26	弱	0.26	弱	0.23	弱	0.19	弱	-0.25	强	0.18	弱
中山	0.63	弱	0.65	弱	0.60	弱	0.41	弱	1.12	扩连	0.57	弱	0.61	弱	0.41	弱	0.49	弱	0.31	弱	0.26	弱
江门	0.94	扩连	0.72	弱	0.31	弱	0.19	弱	1.05	扩连	0.53	弱	-0.34	强	0.34	弱	0.58	弱	-0.04	强	0.13	弱
阳江	0.30	弱	0.67	弱	0.67	弱	0.53	弱	1.14	扩连	0.76	弱	0.65	弱	0.59	弱	0.64	弱	0.29	弱	1.88	扩负
湛江	0.67	弱	0.70	弱	0.68	弱	0.56	弱	1.22	扩连	0.60	弱	0.50	弱	0.49	弱	0.56	弱	0.48	弱	5.95	扩负
茂名	0.69	弱	0.82	扩连	0.41	弱	0.45	弱	0.89	扩连	0.33	弱	0.46	弱	0.52	弱	0.75	弱	-0.18	强	0.35	弱
肇庆	0.76	弱	0.72	弱	0.75	弱	0.49	弱	1.03	扩连	0.76	弱	0.51	弱	0.47	弱	0.61	弱	0.21	弱	-0.43	强

续上表

年份	2006		2007		2008		2009		2010		2011		2012		2013		2014		2015		2016	
区域	脱钩值	脱钩状态	脱钩值	脱钩状态	脱钩值	脱钩状态	脱钩值	脱钩状态	脱钩值	脱钩状态	脱钩值	脱钩状态	脱钩值	脱钩状态	脱钩值	脱钩状态	脱钩值	脱钩状态	脱钩值	脱钩状态	脱钩值	脱钩状态
清远	0.90	扩连	0.82	扩连	0.38	弱	0.54	弱	1.09	扩连	0.39	弱	-0.39	强	0.44	弱	0.59	弱	-0.20	强	0.25	弱
潮州	0.69	弱	0.73	弱	0.68	弱	0.55	弱	0.97	扩连	0.51	弱	0.43	弱	0.37	弱	0.53	弱	-0.05	强	0.16	弱
揭阳	0.58	弱	0.78	弱	0.71	弱	0.67	弱	1.05	扩连	0.53	弱	0.50	弱	0.54	弱	0.79	弱	-0.05	强	0.00	弱
云浮	0.52	弱	0.76	弱	0.61	弱	0.50	弱	1.12	扩连	0.64	弱	0.39	弱	0.55	弱	0.67	弱	0.45	弱	0.15	弱

注:"强"代表强脱钩,"弱"代表弱脱钩,"扩连"代表"扩张连接","扩负"代表"扩张负脱钩"。

二、碳排放与经济增长累积脱钩空间差异性研究

从图 7-2 和表 7-2 可以看出,广东省及其 21 个地级市碳排放与经济增长的脱钩弹性值及脱钩状态总体表现为以下两个特征:①从脱钩弹性值的变化趋势来看,2006—2016 年间,广东全省和 21 个城市的碳排放与经济增长的脱钩弹性值均为正值,除阳江市脱钩弹性值呈先上升后下降趋势,其他城市的脱钩弹性值均呈逐年下降趋势,且有一个共性,即在 2010 年有一个短暂的反弹。②从脱钩状态的变化来看,珠三角区域的惠州市脱钩弹性值下降速度最快,脱钩状态变化最明显,从 2006—2009 年的扩张负脱钩转变为 2010—2013 年的扩张连接,后又转变为 2014—2016 年的弱脱钩。汕尾、江门和清远三个地级市的脱钩弹性值也经历了从扩展连接向弱脱钩的转变。湛江市脱钩弹性值在 2016 年也有一个明显的反弹趋势,从 2006—2015 年的弱脱钩转变为 2016 年的扩张连接。除此之外,其他城市的脱钩弹性值均在 0~0.8 范围内呈下降趋势,即均表现为弱脱钩减弱趋势。由此可见,广东全省及其 21 个地级市的经济发展水平对碳排放依然存在较大依赖。

2006—2016 年广东省大部分城市的脱钩弹性值呈下降趋势(见图 7-2),且在 2010 年有一个短暂的反弹,主要是因为 2005 年我国开始部署节能减排工作,作为能源消费和碳排放大省,面临节能减排的巨大压力,采取了一系列的措施来完成节能减排任务。同时,2008 年受世界金融危机和南方雪灾的重大影响,广东省经济遭受重创,增速快速下降,对能源的需求随之下降。这就使得大部分城市的脱钩弹性值逐年下降。2009—2010 年,随着政府投资拉动和社会基础设施重建的需要,钢铁、水泥、电力需求不断恢复,能源消费量开始逐年增加,经济发展对能源的依赖性随之增大,大多数城市经济发展与能源碳排放的脱钩弹性值呈现反弹趋势。但随着广东省进入"十二五"时期节能减排的任务更加繁重,肩负到 2015 年单位 GDP 能耗在 2010 年基础上下降 18%,单位 GDP 二氧化碳排放下降 19.5% 的硬性节能减排目标,广东省将这一目标分解到 21 个城市。在此情形下,广东省各市为完成节能减排目标,积极采取各种减排措施,使得 2010 年之后,广东省大部分城市的脱钩弹性值呈逐年下降趋势。但是,也有个别城市与其他城市略有不同,如珠三角的惠州市、粤西地区的阳江市和湛江市。

1. 惠州市能源碳排放与经济发展的脱钩走势

珠三角地区的惠州市脱钩弹性值下降速度最快(见图 7-3),脱钩状态变化最明显,主要是因为惠州市作为珠三角地区的后花园城市,环境保护的责任尤为重大,惠州市对节能减排工作非常重视,将节能减排作为促进产业升级、建设现代产业体系的重要措施,全力推动各项节能减排工作的落实。例如,在产业结构优化调整方面,一方面,加大落后产能淘汰力度;另一方面,大力引进先进制造业和高技术制造业。2015 年先进制造业和高技术制造业增加值占规模以上工业的比重分别为 59.2% 和 43.6%,达到全省先进水平,特别是低能耗、高附加值产业的平稳快速发展,推动全市工业增加值能耗乃至单位 GDP 能耗稳步下降。在工业结构优化升级方面,惠州市

表7-2 2006—2016年广东全省及21个地级市的碳排放与经济增长的累积脱钩弹性值及脱钩状态（以2005年为基期）

年份	2006		2007		2008		2009		2010		2011		2012		2013		2014		2015		2016	
区域	脱钩值	脱钩状态	脱钩值	脱钩状态	脱钩值	脱钩状态	脱钩值	脱钩状态	脱钩值	脱钩状态	脱钩值	脱钩状态	脱钩值	脱钩状态	脱钩值	脱钩状态	脱钩值	脱钩状态	脱钩值	脱钩状态	脱钩值	脱钩状态
全省	0.76	弱	0.74	弱	0.67	弱	0.60	弱	0.66	弱	0.60	弱	0.56	弱	0.52	弱	0.50	弱	0.45	弱	0.43	弱
广州	0.64	弱	0.64	弱	0.60	弱	0.55	弱	0.59	弱	0.53	弱	0.50	弱	0.46	弱	0.45	弱	0.42	弱	0.38	弱
深圳	0.79	弱	0.78	弱	0.75	弱	0.70	弱	0.74	弱	0.69	弱	0.65	弱	0.59	弱	0.56	弱	0.52	弱	0.49	弱
珠海	0.79	弱	0.80	扩连	0.74	弱	0.64	弱	0.69	弱	0.62	弱	0.58	弱	0.53	弱	0.51	弱	0.49	弱	0.46	弱
汕头	0.58	弱	0.69	弱	0.69	弱	0.62	弱	0.67	弱	0.55	弱	0.53	弱	0.49	弱	0.48	弱	0.41	弱	0.39	弱
佛山	0.72	弱	0.71	弱	0.59	弱	0.50	弱	0.54	弱	0.51	弱	0.48	弱	0.44	弱	0.42	弱	0.38	弱	0.34	弱
韶关	0.63	弱	0.56	弱	0.52	弱	0.47	弱	0.58	弱	0.41	弱	0.40	弱	0.39	弱	0.37	弱	0.30	弱	0.28	弱
河源	0.69	弱	0.78	弱	0.70	弱	0.64	弱	0.71	弱	0.61	弱	0.56	弱	0.53	弱	0.53	弱	0.49	弱	0.46	弱
梅州	0.73	弱	0.63	弱	0.60	弱	0.53	弱	0.62	弱	0.56	弱	0.53	弱	0.49	弱	0.47	弱	0.42	弱	0.39	弱
惠州	1.98	扩负	1.69	扩负	1.34	扩负	1.21	扩负	1.11	扩负	1.00	扩连	0.94	扩连	0.86	扩连	0.82	扩连	0.72	弱	0.70	弱
汕尾	0.89	扩连	0.86	扩连	0.91	扩连	0.78	弱	0.83	弱	0.74	弱	0.72	弱	0.65	弱	0.65	弱	0.66	弱	0.62	弱
东莞	0.70	弱	0.66	弱	0.61	弱	0.52	弱	0.59	弱	0.54	弱	0.50	弱	0.45	弱	0.41	弱	0.34	弱	0.32	弱
中山	0.63	弱	0.62	弱	0.60	弱	0.54	弱	0.64	弱	0.60	弱	0.58	弱	0.54	弱	0.52	弱	0.48	弱	0.45	弱
江门	0.94	扩连	0.82	扩连	0.66	弱	0.55	弱	0.63	弱	0.59	弱	0.48	弱	0.44	弱	0.43	弱	0.38	弱	0.35	弱
阳江	0.30	弱	0.46	弱	0.51	弱	0.49	弱	0.62	弱	0.62	弱	0.60	弱	0.57	弱	0.55	弱	0.52	弱	0.58	弱
湛江	0.67	弱	0.67	弱	0.66	弱	0.62	弱	0.73	弱	0.69	弱	0.65	弱	0.60	弱	0.58	弱	0.55	弱	0.93	扩连
茂名	0.69	弱	0.74	弱	0.64	弱	0.58	弱	0.63	弱	0.56	弱	0.52	弱	0.49	弱	0.50	弱	0.43	弱	0.41	弱
肇庆	0.76	弱	0.73	弱	0.72	弱	0.64	弱	0.70	弱	0.69	弱	0.65	弱	0.60	弱	0.58	弱	0.54	弱	0.48	弱

续上表

年份 区域	2006 脱钩值	2006 状态	2007 脱钩值	2007 状态	2008 脱钩值	2008 状态	2009 脱钩值	2009 状态	2010 脱钩值	2010 状态	2011 脱钩值	2011 状态	2012 脱钩值	2012 状态	2013 脱钩值	2013 状态	2014 脱钩值	2014 状态	2015 脱钩值	2015 状态	2016 脱钩值	2016 状态
清远	0.90	扩连	0.85	扩连	0.75	弱	0.68	弱	0.73	弱	0.68	弱	0.60	弱	0.57	弱	0.55	弱	0.48	弱	0.44	弱
潮州	0.69	弱	0.70	弱	0.68	弱	0.62	弱	0.68	弱	0.63	弱	0.58	弱	0.53	弱	0.51	弱	0.45	弱	0.42	弱
揭阳	0.58	弱	0.67	弱	0.66	弱	0.64	弱	0.71	弱	0.65	弱	0.61	弱	0.58	弱	0.57	弱	0.51	弱	0.47	弱
云浮	0.52	弱	0.63	弱	0.61	弱	0.56	弱	0.66	弱	0.63	弱	0.57	弱	0.54	弱	0.53	弱	0.51	弱	0.46	弱

注:"强"代表强脱钩,"弱"代表弱脱钩,"扩连"代表"扩张连接","扩负"代表"扩张负脱钩"。

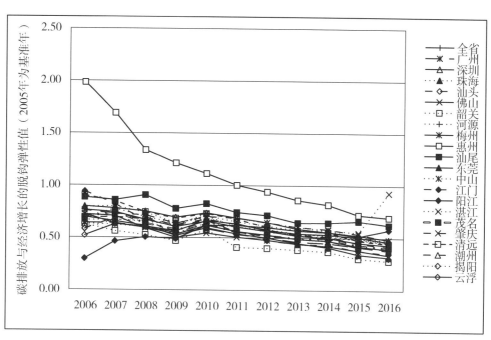

图7-2 2006—2016年广东省及其21个地级城市的碳排放与经济增长累积脱钩弹性值的变化趋势（以2005年为基期）

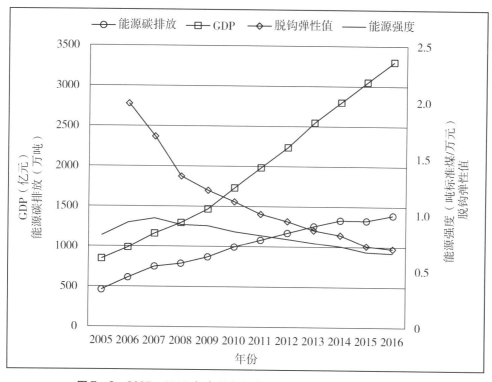

图7-3 2005—2016年惠州市经济发展和碳排放指标的变化趋势

做强做优电子信息产业，以较小的能源消费推动全市工业较快发展。2015年，该行业用仅占全市4.46%的综合能源消费量创造了占全市规模以上工业40%的增加值。在以上措施的推动下，2005—2016年惠州市经济发展水平不断提高，从2005年的847亿元增加到2016年的3301亿元，能源碳排放增速减缓，单位GDP能耗逐年下降，经济发展与碳排放的脱钩弹性值逐年降低，两者的脱钩状态从扩张负脱钩转变为扩张连接，后又转变为弱脱钩，说明惠州市正在向碳生产率与经济发展脱钩方向发展，惠州市碳生产率的提高对经济发展的依赖越来越小。

2. 阳江市能源碳排放与经济发展的脱钩走势

阳江市是2005—2016年广东省唯一一个脱钩弹性值呈先上升后下降趋势的城市，2010年达到阶段性极值点。2005—2010年，阳江市经济发展迎来新机遇，交通、能源和城市基础设施在2000—2005年已经初具规模，2005—2010年投资软、硬环境不断优化，经济自主增长和承接产业转移能力不断增强，发展潜力较大，比较优势更加明显。同时，四大电力项目、广东海上丝绸之路博物馆等一批重大项目的建设，带动了相关产业和行业的加快发展。能源消费和碳排放逐年增加，经济发展对能源消费的依赖性越来越强。

2010年以来，阳江市经济快速发展的同时，能源消费和碳排放增速减缓（见图7-4），主要是因为阳江市严抓能耗双控目标。一方面，加强重点用能部门的节能标注，促进全面提高电机能效工作；另一方面，大力发展新能源（核电、水电、风电、光伏），能源结构不断优化。2016年，原煤发电、焦炭发电、油品发电、其他再生和新能源发电比例为：3∶3∶1∶3。核电、风电项目快速推进，其中，核电是广东发电量最大的核电站，目前是4台机组，2019年将全部建好6台机组。海上风电现在是全省的"引领者"，4个项目都在推进中。

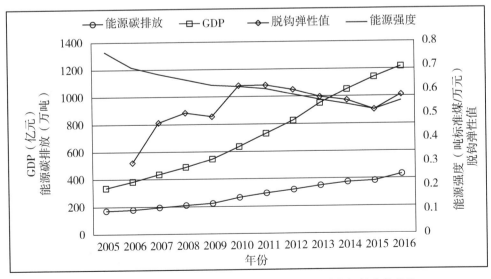

图7-4 2005—2016年阳江市经济发展和碳排放指标的变化趋势

3. 湛江市能源碳排放与经济发展的脱钩走势

湛江市是粤西地区的中心城市,全国重要的沿海开放城市,全国性综合交通枢纽,全国重要的钢铁、石化等临港工业基地。其经济发展与能源碳排放的脱钩弹性值在 2005—2015 年呈逐年下降趋势,但是,在 2016 年其脱钩弹性值有一个明显的反弹(见图 7-5)。主要是因为进入"十三五"时期,宝钢湛江钢铁基地、中科炼化一体化、晨鸣浆纸、雷州大唐电厂等重大能耗项目以及一批上下游产业链配套项目相继集中建设,拉动湛江市能源消费总量大幅上升,单位 GDP 能耗也呈大幅上升趋势。

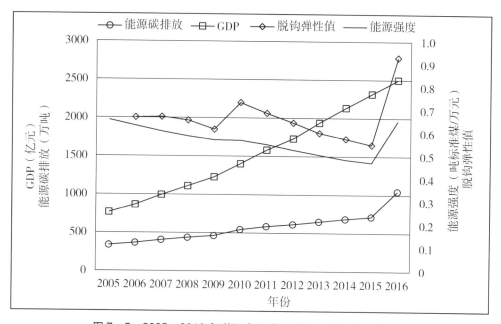

图 7-5 2005—2016 年湛江市经济和碳排放指标的变化趋势

第三节 本章小结

本章分别设定不同的基期,对能源碳排放与经济增长的逐年脱钩弹性值和累积脱钩弹性值进行了核算与分析。研究结果表明,无论从逐年脱钩弹性值还是从累积脱钩弹性值来看,广东省及大多数城市已经实现了能源碳排放与经济增长的弱脱钩,且总体上呈现弱脱钩加强的状态,但是个别城市表现出完全不同的脱钩状态,例如惠州市、阳江市和湛江市。由此可见,对广东省 21 个地级市能源碳排放与经济增长脱钩状态的差异化分析,可以精确定位在经济发展过程中,哪些城市对全省能源碳排放与经济增长脱钩起到促进作用,哪些城市起到抑制作用,为制定差异化低碳经济发展战略提供了理论依据。

第八章 人均 GDP 与碳生产率的空间追赶脱钩研究

对碳排放效率的研究一般使用 Yamaji 等提出的碳生产率指标、Mielnik 和 Goldemberg 提出的单位能源消费的 CO_2 排放量指标和 Sun 提倡的碳强度指标（单位 GDP 碳排放）。

碳生产率是指在一段时期内国内生产总值（GDP）与同期二氧化碳排放量之比，等于单位 GDP 二氧化碳排放强度的倒数。虽然碳生产率与单位 GDP 碳排放强度在数量上是倒数关系，但两者存在本质区别。碳生产率是从经济学的角度将碳作为一种隐含在能源和物质产品中的要素投入，衡量一个经济体消耗单位碳资源所带来的相应产出，可与传统的劳动或资本生产率相比较。碳生产率遵循在一定的技术水平条件下，以最少的碳资源投入获得最大的产出，碳排放成为社会经济发展的一种投入要素和约束性指标。未来的竞争不是劳动生产率的竞争，也不是石油效率的竞争，而是碳生产率的竞争。碳排放空间是比劳动力、资本等更为稀缺的要素。而碳排放强度是强度表示法，是从环境的角度考虑问题，强调碳排放作为产出的附属物及对环境造成的影响，没有从投入要素的角度隐含社会经济发展所面临的约束性条件，容易造成片面追求产出数量而忽视控制碳排放。未来，全球经济究竟是朝着"转型的复苏"还是"非转型的复苏"前行？专家认为，碳生产率将成为具有说服力的评判标准。

麦肯锡在《碳生产率挑战：遏制全球变化、保持经济增长》报告中指出，2008 年世界碳生产率为 740 美元$/(t \cdot CO_2$ 当量），若全球经济增长保持现有的每年 3.1% 的水平，为了实现 CO_2 浓度维持在 883.9 mg/m^3 稳定水平，碳生产率应提高到每年 5.6%，并在 2050 年达到 7300 美元$/(t \cdot CO_2$ 当量），即在未来 40 年内增长 10 倍。因此，今后国际间的竞争已不再是传统的资本、资源和劳动力竞争，而是碳生产率的竞争。麦肯锡全球研究院的分析显示，中国通过提高能源效率在 2020 年可以使能源消耗降低 21%，近中期我国应该把提高能效和碳生产率作为核心，努力降低 CO_2 排放的增长率，实现碳排放与经济增长的逐步脱钩。

英国的低碳经济概念是基于一种后工业经济的假设，其主要目标是将温室气体的排放限制在一定的水平之下，以防止全球变暖的严重负面影响，并在此过程中寻求能源安全、新经济增长点和新国家竞争力来源。英国的低碳经济注重"结果"，以最终碳的绝对量减排为依据，以全球生态安全为目标，以实现经济增长和碳排放绝对脱钩为标准，注重的是实现低碳经济。我国国内学者对低碳经济的内涵进行拓展，认为目前中国正处于工业化和城镇化的发展阶段，低碳经济不是一个绝对的概念，而是一个相对的概念。褚大建教授认为，低碳经济的本质是"低碳+经济"，不能有低碳没经济,也不能有经济没低碳。因此,低碳经济必须实现两个目标:一是减碳;二是增长与发展。而提高碳生产率正是实现上述目标协调的战略性路径。目前,低碳经济实践中出现的"低碳不经济",其根本原因就在于未能建立起有效的碳生产率杠杆机制。潘家华、付加锋等认为,低碳经济是指在一定的碳排放约束下,碳生产率和人文发展均达到一定水平的一种经济形态,旨在实现控制温室气体排放的全球共同愿景。因此,我国研究低碳经济不仅研究经济增长与碳排放脱钩,而且更注重研究经济平均发展水平与碳生产率的脱钩关系,即人均 GDP 与碳生产率的脱钩关系。

第一节 方法与数据来源

一、碳生产率核算方法

碳生产率是指单位碳排放的经济产出,是碳排放强度的倒数,相对于反映 CO_2 排放量的人均 CO_2 排放量和 CO_2 排放总量以及反映单位 GDP 的 CO_2 排放量的碳强度指标而言,碳生产率反映了低碳排放与经济发展双重因素,并且更加突出经济发展因素,碳生产率的提高意味着以更低的碳排放带来更大的产出。

碳生产率的计算公式为:

$$A_i = \frac{GDP_i}{C_i} \tag{8-1}$$

式中:A_i 为 i 城市的碳生产率,GDP_i 与 C_i 分别为 i 城市的国内生产总值和碳排放。

二、碳生产率与人均 GDP 的脱钩模型

碳生产率与人均 GDP 的脱钩弹性值的计算和碳排放与 GDP 脱钩弹性值的计算方法相同,即均采用 Tapio 脱钩模型,碳生产率与人均 GDP 的脱钩弹性值的计算公式如下:

$$D_{\text{Tapio}}(A, G) = \frac{\Delta A/A}{\Delta G/G} \tag{8-2}$$

式中:A 为某一时间段内起始年的碳生产率;ΔA 为某一时间段内终点年相对于起始年的碳生产率的变化值;G 为某一时间段内起始年的人均 GDP;ΔG 为某一时间段内终点年相对于起始年的人均 GDP 变化量;$D_{\text{Tapio}}(A, G)$ 为碳生产率与人均 GDP 的脱钩弹性值。

碳生产率与人均 GDP 的脱钩弹性值的计算和碳排放与 GDP 脱钩弹性值的计算方法相同,但计算结果表达的意愿却是相反的。低碳经济中,我们最终实现的是碳排放与 GDP 脱钩,即经济发展的同时碳排放下降。但是,对于碳生产率与人均 GDP 而言,我们最终希望两者之间呈现弱脱钩、扩张连接或扩张负脱钩,即实现碳生产率与

人均 GDP 的双增。

三、碳生产率与人均 GDP 脱钩追赶模型的建立

碳生产率与人均 GDP 的脱钩分析描述的是随着人均 GDP 的增加，碳生产率呈现什么样的发展态势，这是一种自身的比较。区域间碳生产率与人均 GDP 的脱钩追赶分析描述的是某一城市人均 GDP 向模范城市追赶的过程中，碳生产率是否也出现追赶行为，这是区域之间的比较。为了刻画其他各市向模范城市追赶的动态历程，我们基于 Tapio 脱钩模型的构建原理，构建了区域之间人均 GDP 与碳生产率的追赶脱钩模型，表达式如下：

$$D_{it}^r(A,G) = \frac{[(A_t^s - A_{it}) - (A_{t-1}^s - A_{i,t-1})]/(A_{t-1}^s - A_{i,t-1})}{[(G_t^s - G_{it}) - (G_{t-1}^s - G_{i,t-1})]/(G_{t-1}^s - G_{i,t-1})} = \frac{\Delta\Delta A/\Delta A}{\Delta\Delta G/\Delta G} \quad (8-3)$$

式中：$D_{it}^r(A,G)$ 为 i 城市在 t 年的碳生产率与人均 GDP 的追赶脱钩弹性值，A^s 和 G^s 分别为模范城市的碳生产率和人均 GDP，A_{it} 和 G_{it} 分别为 i 城市在 t 年的碳生产率与人均 GDP，ΔA 和 ΔG 分别为追赶城市与模范城市碳生产率和人均 GDP 的差距，$\Delta\Delta A$ 和 $\Delta\Delta G$ 分别为 t 年相对于 $t-1$ 年追赶城市与模范城市碳生产率和人均 GDP 差距的差距。追赶脱钩状态划分及表达的意义具体见表 8-1。

表 8-1 追赶脱钩 8 种状态划分及意义描述

脱钩弹性值 (D^r)	$\Delta\Delta A/\Delta A$	$\Delta\Delta G/\Delta G$	脱钩状态	描述
$D^r < 0$	<0	>0	强脱钩	人均 GDP 差距增大的同时碳生产率差距缩小，该类地区可能存在保护环境、牺牲快速发展的情况
$0 \leq D^r < 0.8$	>0	>0	弱脱钩	人均 GDP 差距增大的速度大于碳生产率差距增大的速度，两类指标均处于衰退的过程
$0.8 \leq D^r \leq 1.2$	>0	>0	扩张连接	人均 GDP 差距增大的速度与碳生产率差距增大的速度相对同步
$D^r > 1.2$	>0	>0	扩张负脱钩	人均 GDP 差距增大的速度小于碳生产率差距增大的速度
$D^r < 0$	>0	<0	强负脱钩	人均 GDP 差距缩小的同时碳生产率差距扩大，该类地区经济发展以牺牲环境为代价，是一种不可持续的发展模式

续上表

脱钩弹性值 (D^r)	$\Delta\Delta A/\Delta A$	$\Delta\Delta G\Delta/\Delta G$	脱钩状态	描 述
$0 \leqslant D^r < 0.8$	<0	<0	弱负脱钩	人均GDP追赶的速度大于碳生产率追赶的速度（人均GDP差距缩小的速度大于碳生产率差距缩小的速度），是一种可持续的经济发展模式
$0.8 \leqslant D^r\ 1.2$	<0	<0	衰退连接	人均GDP追赶的速度与碳生产率追赶的速度相对同步（人均GDP差距缩小的速度与碳生产率差距缩小的速度相对同步）
$D^r > 1.2$	<0	<0	衰退脱钩	人均GDP追赶的速度小于碳生产率追赶的速度（人均GDP差距缩小的速度小于碳生产率差距缩小的速度）

初步核算结果表明，深圳市在2005—2016年均具有较高的人均GDP和碳生产率，我们选择深圳市为人均GDP和碳生产率"双优"的"模范城市"。其他城市在发展过程中与模范城市的差距是越来越大还是越来越小？是否存在对模范城市的追赶？各城市人均GDP提高的同时，碳生产率如何变化？下面将进行详细解答。

第二节 碳生产率与人均GDP的时空演变特征研究

一、时序演变特征

从时间序列来看，2005—2016年，广东省21个地级市的人均GDP均呈上升趋势（见图8-1）。除惠州市和湛江市的碳生产率略有波动，其他地区的碳生产率也呈上升趋势（见图8-2）。碳生产率的高低在一定程度上反映了经济增长模式是否健康，是否低碳。随着各市经济水平的提高，各市碳生产率也有不同程度的提高，但两者提高的步伐是否一致，是衡量可持续发展与否的重要标志。

惠州市碳生产率在2005—2007年间表现为下降趋势（见图8-2），2008开始逐年上升，主要是因为2005—2007年惠州处于"黄金发展期"，经济总量分别以15.9%、16.8%和17.6%的速度快速增长，2007年经济总量突破千亿元。第二产业所占比重逐年增加，从57.1%增长到58.9%。经济的高速发展对能源的需求量逐年

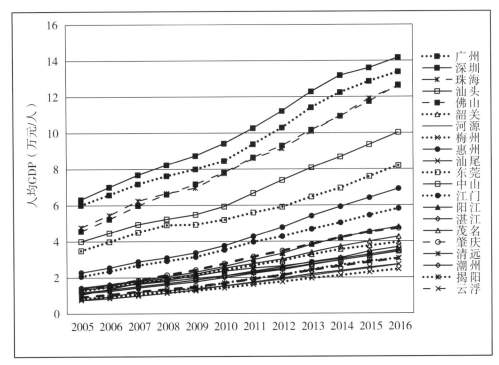

图 8-1 2005—2016 年广东省 21 个地级市人均 GDP 变化趋势

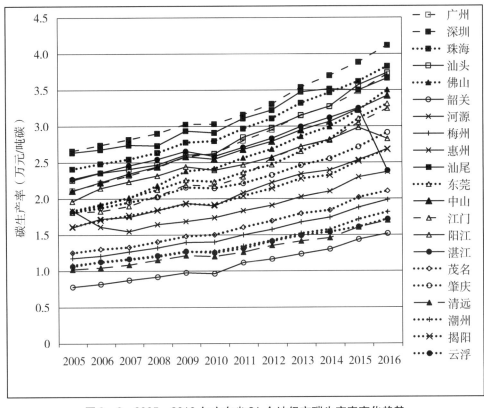

图 8-2 2005—2016 年广东省 21 个地级市碳生产率变化趋势

提高，但由于技术水平所限，能源利用转换效率没有得到相应的提升，从而导致碳排放量的快速增加，碳生产率随之降低。2008—2016 年，第二产业比重下降，第三产业比重上升，产业结构得到优化，经济向高质量方向迈进，特别是 2010 年以来，惠州市以落实《珠江三角洲地区改革发展规划纲要（2008—2020 年）》为动力，积极实施"调结构、促转变，扩内需、促增长，推创新、促升级，惠民生、促和谐"各项政策措施，大力推进五大基地建设，经济社会逐步实现了又好又快发展，碳生产率开始逐年提升。

湛江市碳生产率在 2016 年有一个急速减小的趋势（见图 8-2），主要是因为湛江市大部分地区被划入国家级重点开发区域北部湾地区湛江部分，湛江市是粤西地区中心城市、全国重要的沿海开放城市，借助主体功能区的政策利好，发展势头强劲。"十三五"时期，宝钢湛江钢铁基地、中科炼化一体化、晨鸣浆纸、雷州大唐电厂等重大能耗项目以及一批上下游产业链配套项目相继集中建设，拉动湛江市能源消费总量大幅上升，碳排放量增加，碳生产率急剧下降。

二、碳生产率和人均 GDP 空间格局演变特征

从空间上来看，碳生产率和人均 GDP 空间格局主要呈现以下三大特点：

1. 人均 GDP 和碳生产率在空间上均呈现梯度分布格局

广东省人均 GDP 主要表现为从沿海地区向粤北内陆地区逐渐下降的空间分布格局，2005—2016 年，人均 GDP 空间分布格局变化不大，人均 GDP 高的地区一直集中在珠三角地区。与人均 GDP 空间分布相比，碳生产率也表现为从沿海地区向粤东西北地区逐渐下降的空间分布格局，但碳生产率在 2005—2016 年间具有明显的空间格局的变化。2005 年，碳生产率高的地区为深圳、汕尾和汕头；2010 年，碳生产率高的地区除深圳、汕尾和汕头之外，广州、佛山、中山和湛江也进入高碳生产率行列；2016 年，碳生产率高的地区主要集中在珠三角和东部沿海区域。

2. 人均 GDP 和碳生产率在整体上均存在区域间的趋同特征

初始人均 GDP 较高的地区，其人均 GDP 的增长速率往往低于初始人均 GDP 较低的地区（见图 8-3）。初始碳生产率较高的地区，其碳生产率的增长速率也往往低于初始碳生产率较低的地区（见图 8-4）。但是，从两者的趋同程度来看，人均 GDP 的趋同特征明显高于碳生产率。

3. 人均 GDP 和碳生产率在空间上不匹配

将 2005—2016 年广东省 21 个城市的碳生产率与人均 GDP 取平均值之后绘制两者之间关系的分布图（见图 8-5）。由图 8-5 可以看出，碳生产率和人均 GDP 在空间上存在不匹配的特征。人均 GDP 高的地区碳生产率不一定高，人均 GDP 低的地区碳生产率不一定低，发达地区和不发达地区均存在较高碳生产率的地区。根据人均 GDP 和碳生产率在空间格局上的差异性，我们将广东省 21 个城市划分为 A、B、C 三类地区：

A 类地区具有较高的人均 GDP 和较高的碳生产率，珠三角地区的深圳、广州、

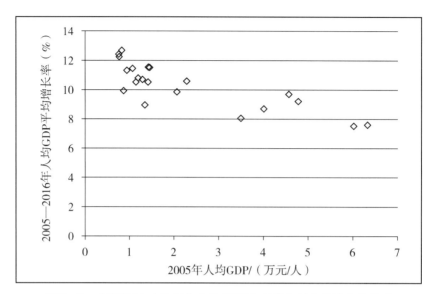

图8-3 广东省21个地级市人均GDP初始值与其变化速率的关系

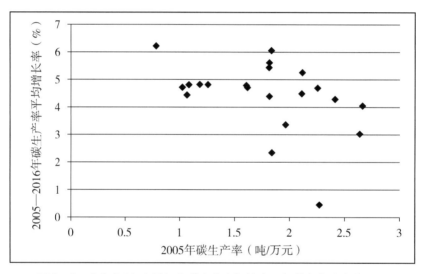

图8-4 广东省21个地级市碳生产率初始水平与其变化速率的关系

珠海、佛山、中山和东莞6个城市位于此类区域。该类地区碳生产率高主要是因为节能技术水平提高引起的能源效率提高而拉动的。

B类地区具有较低的人均GDP,但具有较高的碳生产率,主要源于该类地区能源需求量少导致碳排放量少。汕尾、汕头、湛江、阳江、江门和肇庆6个城市处于该类地区。

C类地区具有较低的人均GDP和较低的碳生产率,该类地区主要是因为GDP偏低造成的。河源、揭阳、惠州、梅州、云浮、茂名、潮州、清远和韶关9个城市位于此类地区。

第八章　人均GDP与碳生产率的空间追赶脱钩研究

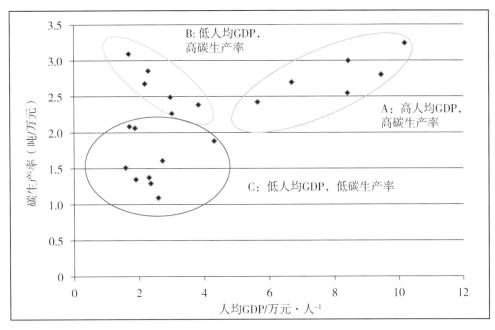

图8-5　广东省21个地级市人均GDP与碳生产率空间匹配性关系

第三节　人均GDP和碳生产率追赶脱钩结果分析

追赶脱钩模型计算结果表明（见表8-2），2005—2016年，广东省A、B、C三类地区的地级市在发展过程中对"模范城市"深圳市表现为不同的脱钩状态和追赶态势。

A类地区：2005—2010年，广州市对"模范城市"表现为碳生产率单指标追赶态势；2010—2016年，表现为人均GDP和碳生产率双追赶的态势。主要是因为广州市在发展过程中高标准要求自己，以提高能效、调整能源结构、大力发展清洁能源为工作重点，逐步实现了经济发展和节能环保双赢的可持续发展。珠海市对"模范城市"表现为从2005—2010年的碳生产率单指标追赶到2010—2016年的人均GDP单指标追赶，说明该市经济发展是以弱化节能环保工作为代价的，是一种不健康的追赶方式。佛山市对"模范城市"的追赶表现为2005—2010年双追赶，2010—2016年人均GDP单指标追赶的态势，说明佛山市在对"模范城市"的追赶过程中，没有保持可持续的追赶势头，2010—2016年更注重经济的发展，而弱化了对清洁环保的投入。中山市和东莞市在2005—2010年实现了对模范城市的碳生产率单指标追赶，而2010—2016年则转变为双不追赶。由此可见，A类地区的5个城市在发展过程中对模范城市表现为截然不同的追赶状态，说明尽管处于同一水平，但由于各市本身地位和发展目标的不同，各市的发展趋势也大不相同。

表8-2 人均GDP与碳生产率脱钩计算结果及状态描述

地区		脱钩弹性值		脱钩状态		追赶状态	
		2005—2010年	2010—2016年	2005—2010年	2010—2016年	2005—2010年	2010—2016年
A类地区	广州	-0.12	0.08	强脱钩	弱负脱钩	碳生产率单指标追赶	双追赶，碳生产率的追赶速度小于人均GDP
	珠海	-0.74	-4.10	强脱钩	强负脱钩	碳生产率单指标追赶	人均GDP单指标追赶
	佛山	3.18	-0.06	衰退脱钩	强负脱钩	双追赶，碳生产率的追赶速度快于人均GDP	人均GDP单指标追赶
	中山	-0.24	2.32	强脱钩	扩张负脱钩	碳生产率单指标追赶	双不追赶，且碳生产率的差距越拉越大
	东莞	-0.12	0.04	强脱钩	弱脱钩	碳生产率单指标追赶	双不追赶，两者与模范城市的差距保持一致
B类地区	汕尾	9.64	6.09	扩张负脱钩	扩张负脱钩	双不追赶，且碳生产率的差距越拉越大	双不追赶，且碳生产率的差距越拉越大
	汕头	0.05	-0.18	弱脱钩	强脱钩	双不追赶	碳生产率单指标追赶
	湛江	0.33	6.46	弱脱钩	扩张负脱钩	双不追赶	双不追赶，且碳生产率的差距越拉越大
	阳江	-0.22	2.74	强脱钩	扩张负脱钩	碳生产率单指标追赶	双不追赶，且碳生产率的差距越拉越大
	江门	0.01	0.06	弱脱钩	弱脱钩	双不追赶	双不追赶
	肇庆	0.13	0.86	弱脱钩	扩张连接	双不追赶	双不追赶，两者与模范城市的差距保持一致

续上表

地区		脱钩弹性值		脱钩状态		追赶状态	
		2005—2010年	2010—2016年	2005—2010年	2010—2016年	2005—2010年	2010—2016年
C类地区	河源	0.17	0.6	弱脱钩	弱脱钩	双不追赶	双不追赶
	梅州	0.22	0.67	弱脱钩	弱脱钩	双不追赶	双不追赶
	惠州	1.42	1.25	扩张负脱钩	扩张负脱钩	双不追赶	双不追赶
	韶关	0.25	0.56	弱脱钩	弱脱钩	双不追赶，且碳生产率的差距越拉越大	双不追赶，且碳生产率的差距越拉越大
	茂名	0.22	0.72	弱脱钩	弱脱钩	双不追赶	双不追赶
	清远	0.33	0.64	弱脱钩	弱脱钩	双不追赶	双不追赶
	潮州	0.27	0.72	弱脱钩	弱脱钩	双不追赶	双不追赶
	揭阳	0.17	0.66	弱脱钩	弱脱钩	双不追赶	双不追赶
	云浮	0.26	0.80	弱脱钩	扩张连接	双不追赶	双不追赶，两者与模范城市的差距保持一致

B类地区：B类地区的城市均具有低人均GDP和较高碳生产率的地区特征。汕头市对模范城市的追赶脱钩状态从2005—2010年的弱脱钩转变为2010—2016年的强脱钩，即从双指标对模范城市不追赶到碳生产率单指标追赶。说明人均GDP与模范城市的差距在扩大，碳生产率与模范城市的差距却在减小，说明汕头市在发展过程中可能更注重保护环境而适当降低了经济增速。与之发展进程相反的是阳江市，阳江市从2005—2010年的碳生产率单指标追赶到2010—2016年的双不追赶，且碳生产率与模范城市的差距越拉越大，说明阳江市原本向好的低碳经济发展路径已经改变，经济发展对高耗能产业的依赖程度增加。B类地区的其他城市在研究期内没有对模范城市进行追赶。

C类地区：C类地区的各城市均没有实现对模范城市的追赶，一方面，因为其低人均GDP和低碳生产率的特征决定了它们对模范城市追赶是一个非常漫长的过程；另一方面，根据主体功能区定位，该类地区基本属于国家、省级重点生态功能区或农产品主产区，肩负环境保护的责任，经济发展在一定程度上受阻。

第九章 能源碳排放的空间计量经济学实证研究

第一节 空间计量经济学理论与方法简介

空间计量经济学（spatial econometrics）是计量经济学的一个分支，是以空间经济理论和地理空间数据为基础，以建立、检验和运用经济计量模型为核心，对经济活动的空间相互作用（空间自相关）和空间结构（空间不均匀性）问题进行定量分析，研究空间经济活动或经济关系数量规律的一门经济学学科。

一、空间计量经济学的产生与发展

空间计量经济学发端于空间相互作用理论及其进展。由于在区域计量经济模型中处理次级地区数据的需要，早在20世纪70年代，欧洲就展开了空间计量经济学研究，并将它作为一个确定的领域。美国经济学家Paelinck和Klaassen定义了这个领域，认为这个领域的研究主要包括：计量模型中的空间相互依赖问题，空间关系不对称性问题，空间距离解释因子问题，事前与事后联系的差异问题，空间建模问题。在Paelinck等人研究的基础上，Anselin在1988年完成出版了空间计量经济学领域具有重要意义的著作《空间计量经济学：方法和模型》（*Spatial Econometrics: Methods and Models*），对空间计量经济学进行了系统的研究。在本书中，Anselin提出了被经济学界广泛接受的空间计量经济学定义："在区域科学模型的统计分析中，研究由空间引起的各种特性的一系列方法"，即"在基于对空间效应（spatial effects）恰当设定的基础上，对于空间经济计量模型进行一系列的设定、估计、检验与预测的计量经济学方法"。之后，考虑空间效应的一系列模型设定方法、估计方法以及检验方法得到了许多计量学者的广泛关注。进入21世纪，经济学家正式把空间计量经济学作为现代计量经济学理论体系的一个分支，着重处理计量经济学模型中由于变量的空间特性而导致的一些特殊问题。空间计量经济学进入高速发展时期，在实证研究中得到了广泛的应用。如利用空间计量经济学模型分析城市以及区域经济问题、经济增长与发展的区域协同效应问题、环境与农业问题、房地产问题、就业问题以及其他相关的空间外部性问题等。

二、空间计量经济学重要理论

空间计量经济学是一个比较复杂的系统理论体系。其与传统计量经济学的最大区别就是引入了空间效应。空间效应(spatial effects)是指各地区间的经济地理行为之间一般都存在的一定程度的空间相互作用。Anselin将空间效应区分为空间依赖性[spatial dependence,也叫空间自相关性(spatial autocorrelation)]和空间异质性(spatial heterogeneity)。

1. 空间依赖性(空间自相关性)

对于具有地理空间属性的数据,一般认为在空间上相距较近的变量之间比相距较远的变量之间具有更加密切的关系(Anselin & Getis, 1992)。正如著名的Tobler地理学第一定律所述:"Everything is related to everything else, but near things are more related than distant things(任何事物之间均相关,而离得较近的事物总比离得较远的事物相关性要高)"(Tobler, 1979)。空间自相关反映的是一个区域单元上的某种地理现象或某一属性值与邻近区域单元上同一现象或属性值的相关程度,是一种检测与量化从多个标定点中取样值变异的空间依赖性的空间统计方法。空间自相关可分为全局空间自相关和局域空间自相关。

(1)全局空间自相关。全局空间自相关是对变量的观测值在整个区域的空间特征的描述,检验空间现象在整个区域上是否具有集聚效应。计算全局空间自相关的指标和方法很多,如Moran's I, Geary's C 和 Geti-Ord 等,最常用的还是Moran(1950)提出的空间 Global Moran's I(全局Moran指数)。全局Moran指数的计算公式如下:

$$Moran's\ I = \frac{\sum_{i=1}^{n}\sum_{j=1}^{n}W_{ij}(Y_i - \bar{Y})(Y_j - \bar{Y})}{S^2 \sum_{i=1}^{n}\sum_{j=1}^{n}W_{ij}} \quad (9-1)$$

$$S^2 = \frac{1}{n}\sum_{i=1}^{n}(Y_1 - \bar{Y})^2, \quad \bar{Y} = \frac{1}{n}\sum_{i=1}^{n}Y_i$$

式中:n为样本量,即空间位置的个数;Y_i和Y_j表示空间位置i和j的观察值;$\bar{Y}$为所有观测值的均值;W_{ij}为二进制的邻接空间权值矩阵,即空间权重矩阵,用以度量空间位置之间的空间依赖程度。在构造空间权重矩阵时,常用的原则有相邻原则、距离原则和最近K点原则。较常用的是相邻原则中的ROOK标准,即有共同边界的原则,则有:

$$W_{ij} = \begin{cases} 1, & \text{当地区}i\text{和地区}j\text{相邻} \\ 0, & \text{当地区}i\text{和地区}j\text{不相邻} \end{cases}$$

Moran's I的取值范围是[-1, 1],大于0表示经济行为的空间正相关,表明不同地区数据在空间上有相似的属性;小于0表示经济行为的空间负相关,表明不同地区数据在空间上有不相似的属性;等于0表示经济行为与地区分布相互独立。Moran's I的绝对值反映了空间相关程度的大小,绝对值越大,空间相关程度越大;反之亦然。

对于全局 Moran I，可以用正态统计量 $Z(I)$ 来检验空间自相关的显著性水平：

$$Z = \frac{I - E(I)}{\sqrt{VAR(I)}} \qquad (9-2)$$

Moran I 的期望值为：$E(I) = -\dfrac{1}{n-1}$，方差为：

$$VAR(I) = \frac{n^2 \sum_{ij} W_{ij}^2 + 3(\sum_{ij} W_{ij})^2 - n \sum_i (\sum_j W_{ij})^2}{(n^2-1)(\sum_{ij} W_{ij})^2}$$

如果 Moran's I 的正态统计量 $Z(I)$ 值为正，且大于正态分布函数在某一显著性水平下的临界值，说明存在显著的正相关性；反之亦然。当 $Z(I)$ 为 0 时，观测值呈独立随机分布。

（2）局域空间相关。局域空间相关性是探索空间数据分析的重要组成部分。全局 Moran 指数是一种对研究区空间自相关的综合度量指标，它虽可知空间中相似属性的集聚程度，但其并不能确切地指出集聚区的空间位置，并且它是以整个研究区域空间趋势是同质的为假设前提，因而不能度量不同水平与性质的空间自相关即空间异质性。换句话说，全局 Moran's I 只回答了 Yes 还是 NO，无法回答 Where 的问题。局域空间自相关分析可以很好地弥补这一缺陷。局域空间自相关分析可以帮助我们更加准确地把握空间要素的异质性特性，能够推算出集聚地的空间位置和范围。如 Anselin 提出的空间联系局域指标（local indicators of spatial association，LISA）可以度量每个空间单元与其相邻单元之间的局部空间关联和差异程度。同时，可以通过 LISA 显著性图和集聚点图将局部空间自相关的分析结果可视化，这也是局部空间自相关分析的优势所在。即局域空间相关性分析会告诉我们哪里出现了异常值或者哪里出现了集聚，回答了 Where 的问题。

相对于全局空间自相关而言，局域空间自相关分析的意义在于：①当不存在全局空间自相关时，寻找可能被掩盖的局部空间自相关的位置；②存在全局空间自相关时，探讨分析是否存在空间异质性；③空间异常值或强影响点位置的确定；④寻找可能存在的与全局空间自相关的结论不一致的局部空间自相关的位置，如全局空间自相关分析的结论为全局空间正自相关，分析是否存在有少量的局部空间负自相关的空间位置，这些位置是我们进行研究的兴趣点。

计算局域空间自相关的指标也有很多种，通常应用最多的还是局域 Local Moran's I，该指标也被称为 LISA 指标。从本质上看，局域 Moran's I 是将全局 Moran's I 分解到各个空间单元，其计算公式如下：

$$\text{Moran's } I_i = \frac{(Y_i - \overline{Y})}{S^2} \sum_{j=1}^{n} W_{ij}(Y_j - \overline{Y}) \qquad (9-3)$$

式中：符号代表的含义与公式（9-1）同，n 为样本量；Y_i 和 Y_j 表示空间位置 i 和 j 的观察值；W_{ij} 为二进制的邻接空间权值矩阵，局域 Moran's I 检验的标准统计量为：

$$Z(I_i) = \frac{I - E(I_i)}{\sqrt{VAR(I_i)}} \qquad (9-4)$$

$E(I_i)$ 和 $VAR(I_i)$ 分别为局域 Moran's I 的期望和方差。

局域空间自相关分析可以通过以下三种方法进行：Moran's I 散点图、局域 Moran's I 统计量和 LISA 图。这三种方法可从不同侧面揭示研究现象的空间关联特性，使分析结果更详细和深入。

a. Moran's I 散点图。Moran's I 散点图在开展空间自相关分析过程中具有重要作用，它能够提供直观的空间自相关效果图。Moran's I 散点图的横坐标为各空间单元标准化后的属性值（即需要进行分析的观测值 X，称之为非滞后变量），纵坐标为由空间连接矩阵确定的相邻单元的属性值的平均值（$W-X$，称之为空间滞后变量）。Moran's I 散点图由 4 个象限组成：第一象限（HH，"高—高"）表示某一空间单元和周围单元的属性值都较高；第二象限（LH，"低—高"）表示某一空间单元属性值较低而其周围单元较高；第三象限（LL，"低—低"）表示某一空间单元和周围单元的属性值都较低；第四象限（HL，"高—低"）表示某一空间单元属性值较高而其周围单元较低。落入 HH 和 LL 象限的观测值存在较强的空间正相关，即有均质性；落入 LH 和 HL 象限的观测值表示存在较强的空间负相关，即单元具有异质性。如果各空间单元属性值均匀地分布于四个象限之内，则说明空间单元之间不存在空间相关关系。

Moran's I 散点图只能定性地描述每个空间单元与其周围单元间的相关关系，而不能揭示各个区域单元空间自相关的程度。而局域 Moran's I 统计量及 LISA 地图除了具有 Moran's I 散点图的功能之外，还可以定量地得知这些关联的具体程度。其中，LISA 分析最为常用。

b. LISA 分析。进行 LISA 分析可以得到 4 个不同类型的图表和地图：一幅显著性地图、一幅集聚地图、一幅箱图、一幅 Moran's I 散点图。

LISA 显著性地图是用不同的颜色（在图例中给出了相应的 p 值）显示了显著的局部 Moran's I 统计的位置。一般情况下，默认显示的 p 值分别为 0.05，0.01，0.001，0.0001 四个显著性水平。LISA 集聚地图在本质上提供了与显著性地图相同的信息，即在这两幅图中显著性位置相同；不同的是，LISA 显著性地图是用不同的颜色代表不同的显著性水平（不同的 p 值），而在 LISA 集聚地图中不同的颜色表示不同的空间自相关类型。图例中一般为四种类型，分别表示高—高（HH）、低—低（LL）、高—低（HL）、低—高（LH）。这四种类型对应于 Moran's I 散点图中的四个象限。

LISA 箱图（box plot）是用来进行变量非空间分析的基本探索数据分析（EDA）的方法。它显示分布的中值、第一和第三分位数（在累积分布中的第 50%，第 25% 和第 75% 分位点），也显示离群值。当观测值位于给定的分位距（75% 和 25% 分位值之差）乘数（标准乘数为 1.5 和 3 倍分位距），各自高于 75% 或低于 25%，这时称为离群值。

2. 空间异质性

空间异质性是指地理空间上的区域缺乏均质性，也即存在中心和外围地区、核心和边缘地区、发达和落后地区等经济地理结构，从而导致经济社会发展存在较大的空间差异性。在空间计量经济模型中，空间异质性主要反映在模型结构性的差异上，它可以用传统计量经济学的基本方法进行处理，例如，面板数据模型的变系数方法、随

机系数方法以及系数扩展（coefficients expansion）方法等，也可以直接通过面板数据模型的方差、协方差矩阵来处理空间异质性的问题。

通常情况下，我们所说的空间自相关只有一个变量。在某些研究中，需要探讨地区某一变量与邻近地区其他变量是否存在相关关系，这时就需要进行多变量的空间自相关分析。双变量空间自相关分析（bivariate LISA）是空间自相关分析的特例，可用来探讨空间单元的同一指标在不同时期的空间格局变动或空间单元的指标 A 与相邻空间单元指标 B 的空间匹配模式。

第二节 能源碳排放空间计量实证研究思路与数据处理

一、研究思路

从本书第一章文献综述中我们可以看到，国内外学者从空间计量经济学角度对能源、能源碳排放相关的研究概括起来主要有以下两个特点：一是研究多集中在对能源及其碳排放进行空间自相关分析和局域 LISA 地图分析，建立空间计量模型并进行参数估计和检验的研究比较少；二是研究多停留在国家层面，对全国 31 个省（区、市）进行空间计量分析。由于中国区域自然地理条件、经济、社会、科技、人口和文化的地域空间差异显著，很多省域内部也存在较大的空间差异，因此，对特定省市内部进行空间计量分析也很有必要。

本章分别以广东省 21 个地级市和 125 个区县为空间研究单元，以碳排放总量、人均碳排放和碳排放强度三类碳排放指标为研究对象，采用空间计量经济学方法研究广东省 2005—2016 年能源碳排放空间格局和演变趋势，探索区域集聚特点和极化现象。研究内容主要包括以下几方面：

（1）通过全域空间自相关指数 Moran's I 对 21 个地级市、125 个区县的三种碳排放指标在空间上是否存在空间自相关性进行检验。

（2）用局域空间相关性分析方法（LISA）对 21 个地级市、125 个区县三种指标的空间集聚类型和集聚程度高（低）的具体空间分布（地理格局）进行更加深入的分析，以揭示相邻地级市同种碳排放指标之间的相关关系。

本章研究的主要目的：第一，填补利用空间计量经济学方法深入研究广东省能源碳排放空间格局和演变趋势的空缺；第二，探索广东省碳排放空间的公平分配，促进区域协调发展，有助于保持经济平稳较快发展，并为广东建立低碳省的实现路径提出决策参考；第三，掌握广东能源碳排放空间分布特点，为区域碳减排提供理论依据，为广东省制定差异化的碳减排战略提供决策依据和信息支持。

二、数据来源与处理

2005—2016 年广东省 21 个地级市碳排放量数据通过当年 21 个地级市能源强度、能源平均碳排放系数和 GDP 计算得来。能源强度和 GDP 数据来源于《广东能源统计资料（2001—2010）》、《广东省统计年鉴（2006—2017）》。能源平均碳排放系数是全省能源碳排放量与能源消费总量的比值，该数据来源于第三章的计算结果。国内生产总值（GDP）采用 2010 年为基准的不变价，剔除价格变化的影响。

空间数据的建立方法是，首先在 Excel 中建立分析数据库，然后将其导入 ArcMap 软件中，实现统计数据的空间化。接着将文件保存为 ArcMap 和 GeoDa 所支持的 shp 文件，以便于 GIS 制图和空间统计分析。GeoDa 软件由 Anselin 等设计，是用于空间统计分析的专业软件，空间计量经济学的问题都可以在该软件中实现。空间计量经济分析中，广东省碳排放空间权重矩阵 W_{ij} 是采用相邻原则中的 ROOK 标准，并通过 Geoda 软件自动生成。W_{ij} 矩阵见表 9-1。

表 9-1 广东省碳排放空间权重矩阵 W_{ij}

地区	广州	深圳	珠海	汕头	佛山	韶关	河源	梅州	惠州	汕尾	东莞	中山	江门	阳江	湛江	茂名	肇庆	清远	潮州	揭阳	云浮
广州	0	0	0	0	1	0	0	0	1	0	1	1	0	0	0	0	0	1	0	0	0
深圳	0	0	0	0	0	0	0	0	1	0	1	0	0	0	0	0	0	0	0	0	0
珠海	0	0	0	0	0	0	0	0	0	0	0	1	1	0	0	0	0	0	0	0	0
汕头	0	0	0	0	0	0	0	0	0	0	0	0	0	0	0	0	0	0	1	1	0
佛山	1	0	0	0	0	0	0	0	0	0	0	1	1	0	0	0	1	1	0	0	0
韶关	0	0	0	0	0	0	1	0	0	0	0	0	0	0	0	0	0	1	0	0	0
河源	0	0	0	0	0	1	0	1	1	0	0	0	0	0	0	0	0	0	0	0	0
梅州	0	0	0	0	0	0	1	0	0	1	0	0	0	0	0	0	0	0	1	1	0
惠州	1	1	0	0	0	0	1	0	0	1	1	0	0	0	0	0	0	0	0	0	0
汕尾	0	0	0	0	0	0	0	1	1	0	0	0	0	0	0	0	0	0	0	1	0
东莞	1	1	0	0	0	0	0	0	1	0	0	0	0	0	0	0	0	0	0	0	0
中山	1	0	1	0	1	0	0	0	0	0	0	0	1	0	0	0	0	0	0	0	0
江门	0	0	1	0	1	0	0	0	0	0	0	1	0	1	0	0	1	0	0	0	0
阳江	0	0	0	0	0	0	0	0	0	0	0	0	1	0	0	1	0	0	0	0	1
湛江	0	0	0	0	0	0	0	0	0	0	0	0	0	0	0	1	0	0	0	0	0
茂名	0	0	0	0	0	0	0	0	0	0	0	0	0	1	1	0	0	0	0	0	1
肇庆	0	0	0	0	1	0	0	0	0	0	0	0	1	0	0	0	0	1	0	0	1
清远	1	0	0	0	1	1	0	0	0	0	0	0	0	0	0	0	1	0	0	0	0
潮州	0	0	0	1	0	0	0	1	0	0	0	0	0	0	0	0	0	0	0	1	0
揭阳	0	0	0	1	0	0	0	1	0	1	0	0	0	0	0	0	0	0	1	0	0
云浮	0	0	0	0	0	0	0	0	0	0	0	0	0	1	0	1	1	0	0	0	0

第三节 21个地级市碳排放的空间自相关分析

一、全局空间自相关分析

对广东省2005—2016年各地市碳排放总量、碳排放强度和人均碳排放量三类碳排放进行全局空间自相关检验，检验结果见表9-2和图9-1。

全局空间自相关检验结果（见表9-2）显示，2005—2016年，碳排放总量和人均碳排放量的全局Moran's I指数均为正值，分别在0.2～0.3和0.4～0.5区间范围波动，说明广东省21个地级市的碳排放总量和人均碳排放量具有极强的空间正相关关系，表现出极强的集群趋势，即碳排放总量和人均碳排放量相对较高（较低）的地市倾向于与其他具有较高（较低）碳排放总量和人均碳排放量的地市相邻近；但碳排放总量的空间集聚程度弱于人均碳排放量的空间集聚程度。碳排放强度的Moran's I为较小负值（除2005年和2016年），说明广东省碳排放强度在全局上显示较弱的空间负相关。

从时间序列来看（见图9-1），2005—2016年，碳排放总量和人均碳排放量的Moran's I指数呈先上升后缓慢下降的变化趋势，并在2007年达到阶段性极值点。出现这种现象可能与以下原因有关：一是2008年广东开始实施产业和劳动力"双转移"政策，部分劳动密集型、高能源消耗、高碳排放产业向珠三角以外的粤北、粤西等地区转移，广东省碳排放开始出现均衡分布倾向，其集聚程度随之减弱。同时，部分劳动密集型、高能源消耗、高碳排放产业向广东省以外的地区转移（例如，向泛珠三角地区、泛珠三角以外的中部地区以及越南等东南亚国家转移），也使得碳排放显著集聚区域的显著性减弱。碳排放强度的Moran's I指数除了2005年和2016年为正值，表现出微弱的空间自相关外，其他年份均为负值，且变化趋势没有明显的变动。

二、局域空间自相关分析

为了进一步探讨碳排放强度是否存在局域自相关位置，同时，为寻找碳排放总量和人均碳排放量显著集聚的位置及集聚类型，下面以2005年和2016年为例，通过Moran's I散点图和LISA分析对21个地级市三类碳排放指标的空间集聚和异质现象进行更深入的探讨。

1. 碳排放总量

图9-2、图9-3为2015年、2016年广东省21个地级市的碳排放总量的Moran's I散点分布图。图9-2、图9-3和表9-3显示，2005年有4个市分布在第一象限，分别为广州、深圳、东莞和佛山，表现出高—高（H-H）的正自相关关系集群，即高

表 9-2 2005—2016 年广东省碳排放总量、人均碳排放和碳排放强度的全局 Moran's I

碳排放指标	年份											
	2005	2006	2007	2008	2009	2010	2011	2012	2013	2014	2015	2016
碳排放总量	0.2162	0.2441	0.2576	0.2575	0.2466	0.2478	0.2432	0.2378	0.2340	0.2240	0.2123	0.2161
人均碳排放	0.4180	0.4555	0.4643	0.4558	0.4370	0.4289	0.4364	0.4238	0.4162	0.4040	0.4016	0.4203
碳排放强度	0.0044	-0.0140	-0.0211	-0.0146	-0.0174	-0.0093	-0.0236	-0.0188	-0.0145	-0.0111	-0.0043	0.0487

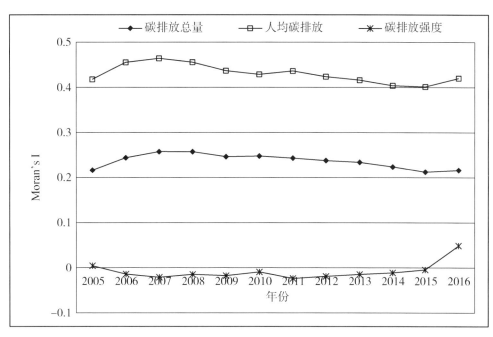

图9-1 2005—2016年碳排放总量、人均碳排放量和碳排放强度的Moran's I指数变化趋势

碳排放地区被高碳排放的其他地区所包围；中山、韶关、清远、肇庆、湛江和惠州6个市分布于第二象限，表现出低—高（L-H）负相关关系集群，即低碳排放地区被高碳排放的其他地区所包围；云浮、阳江、江门、河源、汕尾、揭阳、梅州、潮州、汕头和珠海10个市位于第三象限，表现为低—低（L-L）的正自相关关系集群，即低碳排放地区被低碳排放的其他地区所包围；茂名市位于第四象限，表现出高—低（H-L）的负相关关系集群，即高碳排放地区被低碳排放的其他地区所包围。

与2005年相比，2016年各市所处的象限略有变动，位于第二、四象限的城市倾向于向第一、三象限迁移。例如，2005年位于第二象限的惠州在2016年进入第一限，而2005年位于第二象限的湛江在2016年进入了第三象限。

表9-3 2005年、2016年碳排放总量的Moran's I散点图解析

	所处象限	2005年	2016年
碳排放总量	第一象限（H-H）	广州、深圳、东莞、佛山	广州、深圳、东莞、佛山、惠州
	第二象限（L-H）	中山、韶关、清远、肇庆、湛江、惠州	中山、韶关、清远、肇庆
	第三象限（L-L）	云浮、阳江、江门、河源、汕尾、揭阳、梅州、潮州、汕头、珠海	云浮、阳江、江门、河源、汕尾、揭阳、梅州、潮州、汕头、珠海、湛江
	第四象限（H-L）	茂名	茂名

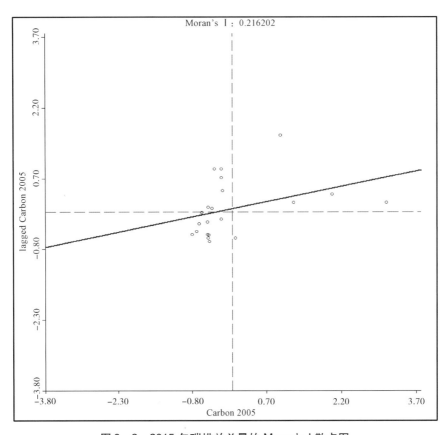

图 9－2　2015 年碳排放总量的 Moran's I 散点图

由碳排放总量 LISA 集聚区及其显著性检验结果（见表 9－4）可知，2005 年，位于第一象限（H-H）的东莞市通过了 1% 的显著性水平检验，说明形成了以东莞市为集聚中心的显著高—高碳排放总量集聚区；第三象限的梅州市和揭阳市分别通过了 1% 和 5% 的显著性水平检验，说明存在以梅州和揭阳为集聚中心的碳排放显著低—低（L-L）集群区；位于第二象限（L-H）的中山市和惠州市分别通过了 5% 的显著性水平检验，说明碳排放总量在分别以中山和惠州为核心的区域存在显著低—高（L-H）空间异质性。

与 2005 年相比，2016 年以惠州为核心的区域从显著低—高空间异质中心转变为显著高—高集聚中心，且通过了 5% 的显著性水平检验，其他显著性城市所处的集聚类型不变。表明 2016 年碳排放总量空间依赖程度增加，高—高集聚区范围扩大。惠州市在周边高碳排放城市的辐射下，逐渐走上了高碳排放区。因此，需要对惠州市节能减排工作提出更高的要求。总体来看，碳排放总量高—高（H-H）集聚区主要分布在珠三角区域，低—低（L-L）集群区主要分布在粤东地区，而低—高（L-H）空间异质区主要分布于珠三角周边城市。这种分布特征与各地经济发展水平程度有关。经济发展如何影响碳排放空间分布格局，我们将在以后做深入研究，这里不再具体分析。

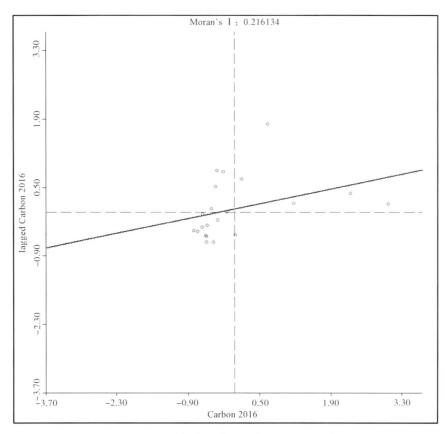

图 9-3 2016 年碳排放总量的 Moran's I 散点图

表 9-4 2005 年、2016 年碳排放总量 LISA 集聚区及其显著性检验结果

集聚类型	2005 年		2016 年	
	地级市	p 值（显著性检验）	地级市	p 值（显著性检验）
高—高集聚区（H-H）	东莞	0.01	东莞	0.01
			惠州	0.05
低—高异质区（L-H）	中山	0.05	中山	0.05
	惠州	0.05		
高—低异质区（H-L）				
低—低集聚区（L-L）	梅州	0.01	梅州	0.01
	揭阳	0.05	揭阳	0.05

2. 人均碳排放量

图 9-4、图 9-5 为 2005 年和 2016 年 21 个地级市的人均碳排放量的 Moran's I 散点分布图。图 9-4、图 9-5 和表 9-5 显示，2015 年有 7 个市分布在第一象限，分别为广州、深圳、佛山、东莞、中山、韶关和珠海，表现出高—高（H-H）的正自相

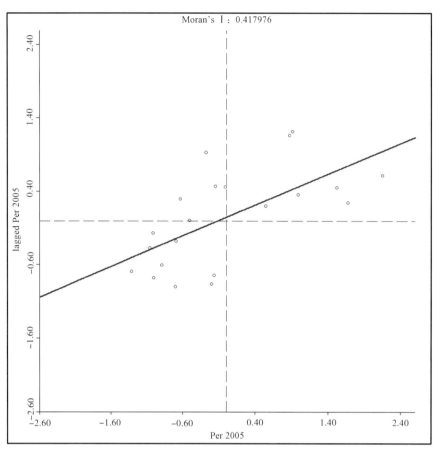

图9-4 2015年广东省人均碳排放的Moran's I散点图

关空间关系集群,即高人均碳排放量地区被高人均碳排放量的其他地区所包围;清远、肇庆、江门、惠州和云浮6个市分布于第二象限,表现出低—高(L-H)负相关关系集群,即低人均碳排放量地区被高人均碳排放量的其他地区所包围;云浮、茂名、湛江、阳江、河源、汕尾、揭阳、梅州、潮州和汕头10个市位于第三象限,表现为低—低(L-L)的正自相关关系集群,即低人均碳排放量地区被低人均碳排放量的其他地区所包围;与2005年相比,2016年清远和惠州从第二象限移入第一象限,其他各市所处象限不变。

从人均碳排放量LISA集聚区及其显著性检验结果(见表9-6)可知,2005年位于第一象限的广州、东莞和中山分别通过了0.1%,1%和1%的显著性水平检验,成为人均碳排放量高—高显著集聚的中心;位于第三象限的梅州、潮州、揭阳和汕尾均通过了5%的显著水平检验,成为人均碳排放量低—低显著集聚中心;位于第二象限的清远通过了5%的显著性水平检验,表现出人均碳排放量低—高显著空间异质性。

与2005年相比,2016年主要的变化表现在,低—高显著空间异质区范围扩大,低—低显著集聚区范围缩小。广州市高—高显著性水平从0.1%下降为1%,而揭阳市低—低显著性水平从5%下降为1%,说明在此期间揭阳市的低—低集聚中心地位在强化,而广州市的高—高集聚中心地位在弱化。

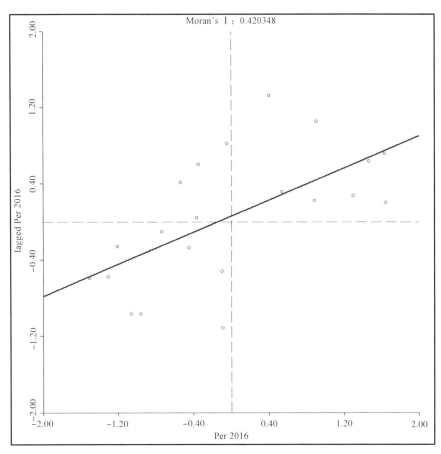

图9-5 2016年广东省人均碳排放的Moran's I散点图

表9-5 2005年、2016年人均碳排放量的Moran's I散点图解析

	所处象限	2005年	2016年
人均碳排放	第一象限 (H-H)	广州、深圳、佛山、东莞、 中山、韶关、珠海	广州、深圳、佛山、东莞、 中山、珠海、清远、惠州
	第二象限 (L-H)	清远、肇庆、江门、惠州、云浮	肇庆、江门、云浮、韶关
	第三象限 (L-L)	云浮、茂名、湛江、阳江、河源、 汕尾、揭阳、梅州、潮州、汕头	茂名、湛江、阳江、河源、汕尾、 揭阳、梅州、潮州、汕头
	第四象限 (H-L)		

以上分析表明，2005—2016年，广东21市人均碳排放量存在高度空间自相关性，这意味着人均碳排放量对于广东省21市碳排放的解释应当充分考虑到这种空间依赖性，用空间计量经济学方法来研究广东21市的碳排放是符合客观实际的。

表9-6 2005年、2016年人均碳排放量LISA集聚区及其显著性检验结果

集聚类型	2005年		2016年	
	地级市	p值（显著性检验）	地级市	p值（显著性检验）
高—高集聚区 （H-H）	广州	0.001	广州	0.01
	东莞	0.01	东莞	0.01
	中山	0.01	中山	0.01
低—高异质区 （L-H）	清远	0.05	清远	0.05
			江门	0.05
高—低异质区 （H-L）				
低—低集聚区 （L-L）	梅州	0.05	梅州	0.05
	揭阳	0.05	揭阳	0.01
	潮州	0.05	潮州	0.05
	汕尾	0.05		

3. 碳排放强度

研究期间，碳排放强度在全局上显示出微弱负相关。Moran's I 散点图（见图9-6、表9-7和图9-7）显示，2005年，韶关、清远、潮州和梅州位于第一象限，属于高—高（H-H）的正自相关关系集群，即高碳排放强度地区被高碳排放强度的其他地区所包围；肇庆、湛江、阳江、佛山、广州、河源、汕尾、揭阳和汕头9市位于第二象限，属于低—高（L-H）负相关关系集群，即低碳排放强度地区被高碳排放强度的其他地区所包围；东莞、中山、江门、深圳、惠州和珠海位于第三象限，属于低—低（L-L）的正自相关关系集群，即低碳排放强度地区被低碳排放强度的其他地区所包围；茂名和云浮位于第四象限，属于高—低（H-L）负相关关系集群，即高碳排放强度地区被低碳排放强度的其他地区所包围。

与2005年相比，第二象限的湛江市和第四象限的茂名市进入第一象限，第一象限的潮州市进入第四象限，惠州离开第三象限进入第四象限，其他城市所处象限不变。

表9-7 碳排放强度的Moran's I散点图解析

	所处象限	2005年	2016年
碳排放强度	第一象限 （H-H）	韶关、清远、潮州、梅州	韶关、清远、梅州、湛江、茂名
	第二象限 （L-H）	肇庆、湛江、阳江、佛山、广州、河源、汕尾、揭阳、汕头	肇庆、阳江、佛山、广州、河源、汕尾、揭阳、汕头
	第三象限 （L-L）	东莞、中山、江门、深圳、惠州、珠海	东莞、中山、江门、深圳、珠海
	第四象限 （H-L）	茂名、云浮	潮州、云浮、惠州

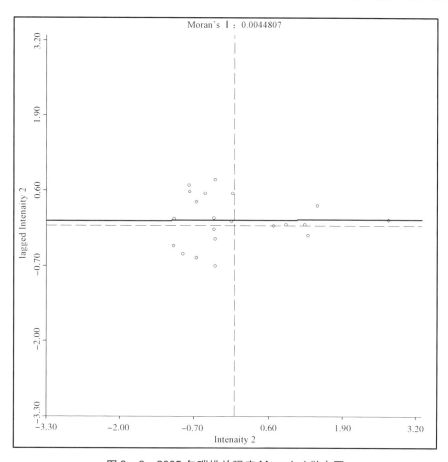

图9-6 2005年碳排放强度Moran's I散点图

从碳排放强度的LISA集聚区及其显著性检验结果（见表9-8）可知，2005年碳排放强度不存在显著集聚和异质区，2016年仅有中山市通过了5%的显著性水平检验，表现为碳排放强度低—低显著集聚中心。

以上分析表明，碳排放强度虽然不存在显著全局空间自相关，但在2016年存在局域显著自相关区域。同时，也证明了局域LISA分析较全局分析的优势所在。

表9-8 2005年、2016年碳排放强度LISA集聚区及其显著性检验结果

集聚类型	2005年		2016年	
	地级市	p值（显著性检验）	地级市	p值（显著性检验）
高—高集聚区（H-H）				
低—高异质区（L-H）				
高—低异质区（H-L）				
低—低集聚区（L-L）			中山	0.05

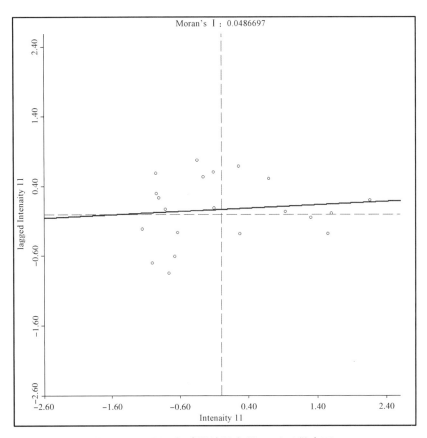

图9-7 2005年碳排放强度Moran's I散点图

第四节 区县能源碳排放空间自相关分析

一、全域空间自相关分析

2005—2016年,广东省碳排放总量的Moran's I呈逐年上升趋势(见图9-8),说明碳排放总量具有显著的空间自相关性,且自相关程度呈逐年增强趋势。人均碳排放量Moran's I总体上呈逐年下降趋势,说明人均碳排放量具有显著的空间自相关性,但其自相关程度在逐年减弱。碳排放强度的Moran's I在0值附近正负值交替出现,说明碳排放强度不存在(或存在微弱)全域空间自相关特征。由此可见,三类碳排放指标表现出不同的全域空间自相关特征。那么,碳排放总量和人均碳排放量显著集聚区在哪里,是否存在局域空间异质区?其具体位置在哪里?碳排放强度是否存在局部的空间自相关性?我们将从局域空间自相关中寻找这些问题的答案。

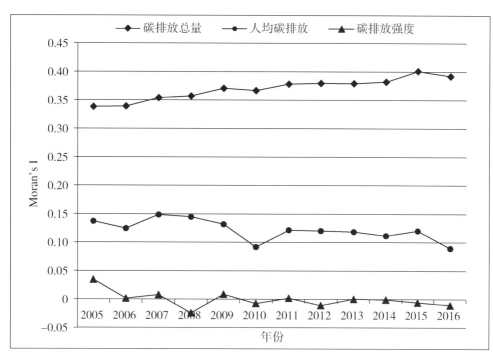

图9-8　2005—2016年广东省三类碳排放指标的Moran's I变化趋势

二、局域空间自相关分析

1. 碳排放总量的集聚性与异质性空间分布特征分析

从碳排放总量的LISA集聚区及其显著性检验结果（见表9-9）可知，2005年，碳排放总量显著高—高集聚区（H-H）主要由广州市的白云区（0.05，这里的0.05为通过的显著性水平检验，下同）、荔湾区（0.01）、越秀区（0.05）、天河区（0.05）、番禺区（0.001）、增城市（0.05），佛山市的南海区（0.05）、禅城区（0.05）、顺德区（0.05），东莞市（0.01），深圳市的龙岗区（0.01）、龙华区（0.01）、宝安区（0.001）、南山区（0.05），惠州市的博罗县（0.05）和惠城区（0.05）共16个区县组成（具体见表9-2和图9-2、图9-3所示）。碳排放总量显著低—低集聚区有三个，分布在粤东西北的区县。其中，河源市的东源县（0.05）、连平县（0.05）、龙川县（0.05），梅州市的五华县（0.01），汕尾市陆河县（0.05）和揭阳市的揭西县（0.05）形成粤东显著低—低集聚区；肇庆市的封开县（0.05）、德庆县（0.05）和怀集县（0.05）形成粤北显著低—低集聚区；茂名市的化州市（0.05），湛江市的廉江市（0.05）、吴川市（0.01）、雷州市（0.05）和坡头区（0.05）形成粤西显著低—低集聚区。在珠三角高—高集聚区里形成了几处显著的低—高异质区，如广州市的萝岗区（0.001）和黄浦区（0.001）、惠州市的惠阳区（0.05）、江门市的蓬江区（0.05）、深圳市的光明新区（0.001）。粤东地区的梅州市梅县区（0.05）、粤西地区的湛江市赤坎区（0.01）也形成了显著的高—低异质区。

表9-9 2005年、2016年碳排放总量显著集聚区

集聚类型	2005年			2016年		
	所属地级市	区县	p值（显著性检验）	所属地级市	区县	p值（显著性检验）
高—高集聚区（H-H）	广州市	白云区	0.05	广州市	白云区	0.05
		荔湾区	0.01		荔湾区	0.01
		越秀区	0.05		越秀区	0.05
		天河区	0.05		天河区	0.05
		番禺区	0.001		番禺区	0.001
		增城市	0.05		增城市	0.05
					海珠区	0.05
					花都区	0.05
	佛山市	南海区	0.05	佛山市	南海区	0.05
		禅城区	0.05		禅城区	0.05
		顺德区	0.05		顺德区	0.01
	东莞市	东莞市	0.01	东莞市	东莞市	0.001
	深圳市	龙岗区	0.01	深圳市	龙岗区	0.01
		龙华区	0.01		龙华区	0.001
		宝安区	0.001		宝安区	0.01
		南山区	0.05		南山区	0.05
	惠州市	博罗县	0.05	惠州市	惠阳区	0.01
		惠城区	0.05		惠城区	0.01
低—高异质区（L-H）	广州市	萝岗区	0.001	广州市	萝岗区	0.001
		黄埔区	0.001		黄埔区	0.01
	惠州市	惠阳区	0.05	惠州市	博罗县	0.05
	江门市	蓬江区	0.05	江门市	蓬江区	0.05
	深圳市	光明新区	0.001	深圳市	光明新区	0.001
高—低异质区（H-L）	梅州市	梅县区	0.05			
	湛江市	赤坎区	0.01			

续上表

集聚类型	2005年			2016年		
	所属地级市	区县	p值（显著性检验）	所属地级市	区县	p值（显著性检验）
低—低集聚区（L-L）	河源市	东源县	0.05	河源市	东源县	0.05
		连平县	0.05		连平县	0.05
		龙川县	0.05		龙川县	0.05
					和平县	0.05
	梅州市	五华县	0.01	梅州市	五华县	0.01
	汕尾市	陆河县	0.05	汕尾市	陆河县	0.001
	揭阳市	揭西县	0.05	揭阳市	揭西县	0.05
	肇庆市	封开县	0.05	肇庆市	封开县	0.05
		德庆县	0.05			
		怀集县	0.05		怀集县	0.01
				清远市	连山壮族瑶族自治县	0.01
					连南瑶族自治县	0.01
					连州市	0.05
	茂名市	化州市	0.05			
	湛江市	廉江市	0.05	湛江市		
		吴川市	0.01			
		雷州市	0.05			
		坡头区	0.05		坡头区	0.05

与2005年相比，2016年碳排放总量的集聚区和异质区空间分布格局有两处显著的变化：一个是高—低异质区消失，另一个是粤西显著低—低集聚区范围缩小为只有一个湛江市坡头区，粤北和粤东显著低—低集聚区范围扩大。与此同时，珠三角高—高集聚区的范围也在扩大，说明珠三角、粤北和粤东地区的碳排放总量的空间依赖性逐渐增加，粤西地区碳排放空间依赖性逐渐减弱。总体来看，广东省碳排放总量的空间依赖性是逐年增加的，这一点从其Moran's I值的逐年增高也可以看出。

2. 人均碳排放量的集聚性与异质性空间分布特征分析

从人均碳排放量的LISA集聚区及其显著性检验结果（见表9-10）可知，2005年，人均碳排放量显著高—高集聚区（H-H）分布在广州市的白云区（0.05）、萝岗区

(0.05)、天河区（0.05）、越秀区（0.05）、荔湾区（0.05）、番禺区（0.05）、黄埔区（0.05）和海珠区（0.05），东莞市（0.05）以及佛山市的南海区（0.05）。人均碳排放量显著低—低集聚区有3个，分别分布在粤东西北的区县。其中，河源市的东源县（0.05）和龙川县（0.05），梅州市的五华县（0.01），汕尾市的陆河县（0.01）和揭阳市的揭西县（0.01）、揭东县（0.05）和普宁市（0.05）形成粤东显著低—低集聚区；肇庆市的封开县（0.05）和怀集县（0.05）形成粤北显著低—低集聚区；茂名市的化州市（0.05）和茂南区（0.01），湛江市的廉江市（0.001）、吴川市（0.001）、雷州市（0.01）和坡头区（0.01）形成粤西显著低—低集聚区。显著的低—高异区有两个，一个是由粤东北地区韶关市的翁源县（0.05）、始兴县（0.05）、武江区（0.05）和乳源瑶族自治县（0.05）所组成，另一个是在粤西湛江市的霞山区（0.05）。与此对应的是，在霞山区隔壁的赤坎区形成了显著的高—低异质区（0.01），由此可见，高—低异质区和低—高异质区多数时候可能会同时出现，互为因果。

表9-10 2005年、2016年人均碳排放量显著集聚区

集聚类型	2005年			2016年		
	所属地级市	区县	p值（显著性检验）	所属地级市	区县	p值（显著性检验）
高—高集聚区（H-H）	广州市	白云区	0.05			
		萝岗区	0.05			
		天河区	0.05			
		越秀区	0.05			
		荔湾区	0.05			
		番禺区	0.05			
		黄埔区	0.05			
		海珠区	0.05			
	佛山市	南海区	0.05	佛山市		
	东莞市	东莞市	0.05	东莞市	东莞市	0.05
				深圳市	龙岗区	0.05
					坪山新区	0.05
					大鹏新区	0.05
				湛江市	霞山区	0.05
低—高异质区（L-H）	韶关市	翁源县	0.05		翁源县	0.05
		始兴县	0.05		始兴县	0.05
		武江区	0.05		武江区	0.05
		乳源瑶族自治县	0.05			
	湛江市	霞山区				

续上表

集聚类型	2005 年			2016 年		
	所属地级市	区县	p 值（显著性检验）	所属地级市	区县	p 值（显著性检验）
高—低异质区（H-L）	湛江市	赤坎区	0.01	揭阳市	惠来县	0.01
				韶关市	曲江区	0.05
低—低集聚区（L-L）	河源市	东源县	0.05	河源市	连平县	0.05
		龙川县	0.05		龙川县	0.05
					和平县	0.05
	梅州市	五华县	0.01	梅州市	五华县	0.01
	汕尾市	陆河县	0.01	汕尾市	陆河县	0.001
	揭阳市	揭西县	0.01	揭阳市	揭西县	0.01
		揭东县	0.05		揭东县	0.05
		普宁市	0.05		普宁市	0.05
					榕城区	0.05
				汕头	金平区	0.05
				清远市	连山壮族瑶族自治县	0.05
					连南瑶族自治县	0.05
	肇庆市	封开县	0.05			
		怀集县	0.05			
	茂名市	化州市	0.05	茂名市	化州市	0.05
		茂南区	0.01		茂南区	0.01
	湛江市	廉江市	0.001			
		吴川市	0.001	湛江市	吴川市	0.05
		雷州市	0.01			
		坡头区	0.01		坡头区	0.01

与 2005 年相比，2016 年人均碳排放量的集聚区和异质区空间分布格局有两处显著的变化：一个是显著的高—低异质区增加，即在韶关市低—高异质区内的曲江区和揭阳市的惠来县分别形成了两个显著高—低异质区；另一个是高—高显著集聚区和低—低显著集聚区的范围均在缩小。这说明人均碳排放量的空间集聚性程度在减弱，而异质性程度在增加，这一点同样也可以从其 Moran's I 值的逐年减小上看出。

3. 碳排放强度的集聚性与异质性空间分布特征分析

从碳排放强度的 LISA 集聚区及其显著性检验结果（见表 9-11）可知，2005 年，碳排放强度显著高—高集聚区（H-H）有一个，即清远市的英德市（0.05）。碳排放强度显著低—低集聚区有两个，一个是湛江市的廉江市（0.01）、吴川市（0.01）、遂溪县（0.01）、雷州市（0.01）和坡头区（0.01），茂名市的化州市（0.05）和茂南区（0.01）形成的粤西显著低—低集聚区；另一个是揭阳市的揭西县（0.05）形成的粤东显著低—低集聚区。显著低—高异质区有两个，一个韶关市的翁源县（0.05）、始兴县（0.05）、武江区（0.05）和乳源瑶族自治县（0.01）所组成的粤北显著低—高异质区；另一个是由梅州市平远县（0.05）形成的粤东显著低—高异质区。显著高—低异质区有一个，即位于粤西湛江市的赤坎区（0.01）。

表 9-11 2005 年、2016 年碳排放强度显著集聚区

集聚类型	2005 年			2016 年		
	所属地级市	区 县	p 值（显著性检验）	所属地级市	区 县	p 值（显著性检验）
高—高集聚区（H-H）	清远市	英德市	0.05	清远市	英德市	0.05
				梅州市	平远县	0.05
低—高异质区（L-H）	韶关市	乳源瑶族自治县	0.01	韶关市	乳源瑶族自治县	0.01
		武江区	0.05		武江区	0.05
		翁源县	0.05		翁源县	0.05
		始兴县	0.05		始兴县	0.05
					浈江区	0.05
	梅州市	平远县	0.05	云浮市		
					郁南县	0.05
高—低异质区（H-L）	湛江市	赤坎区	0.01	湛江市	赤坎区	0.05
低—低集聚区（L-L）	揭阳市	揭西县	0.05			
				汕尾市	陆河县	0.01
	茂名市	化州市	0.05	茂名市	化州市	0.05
		茂南区	0.01		茂南区	0.05
	湛江市	廉江市	0.01	湛江市	廉江市	0.05
		吴川市	0.01		吴川市	0.05
		遂溪县	0.01		遂溪县	0.05
		雷州市	0.01		雷州市	0.05
		坡头区	0.01		坡头区	0.05

与 2005 年相比，2016 年碳排放强度的集聚区和异质区空间分布格局有两处显著的变化：一个是梅州市平远县由显著高—低异质区转变为显著高—高异质区；另一个是低—高异质区范围扩大，韶关市浈江区加入显著低—高异质区行列。除此之外，云浮市郁南县也形成一处显著低—高异质区。

这说明碳排放强度的空间集聚性和异质性表现出两极分化，致使全局 Moran's I 正负值交替出现。从全域自相关情况来看，碳排放强度似乎是不相关的，实际上，却存在局域的显著相关性，验证了局域自相关性分析确实可以找到全局空间自相关分析检验不到的局域特征。

第十章　广东省低碳转型的三大关键抓手

本书第三章至第九章基于 Kaya 恒等式和 Tapio 脱钩模型的构建原理，扩展构建了能源碳排放影响因素量化分解模型、经济增长与碳排放脱钩的量化分解模型；集成构建了经济增长与碳排放脱钩的影响因素量化分解模型、人均 GDP 与碳生产率追赶脱钩模型等适应不同空间尺度、不同数据需求的碳排放时空演变及其形成机制的一系列分析模型。通过这些模型，分别对广东省能源碳排放时空差异的影响因素、经济增长与碳排放脱钩、经济增长与碳排放脱钩的影响因素、人均 GDP 与碳生产率追赶脱钩、碳排放的空间集聚与异质性等进行了深入详细的分析，得到了较系统的研究结论。本章根据以上章节研究取得的重要结论，为广东省节能减排、低碳转型、区域协调发展等方面提出针对性的政策建议，形成广东省低碳转型的三大关键抓手。

第一节　关键行业、关键因素的碳减排

一、碳排放时序演变规律及影响因素研究重点研究结论

1. 广东省能源消费的五大显著特点

1995—2016 年广东能源消费存在以下五个特点：①广东能源消费量逐年增加，能源消费与能源生产缺口加速扩大，能源自给率偏低的局面仍未改善。②广东能源主要依赖外省调入和国外进口，同时，对外地和国外的输出比例也逐年增大，能源平衡"大进大出"的格局越来越明显。③广东能源消费仍然以煤炭和石油为主，尽管天然气消费从无到有进入生产和生活领域，其消费量逐渐在广东能源中占有一席之地，但以煤炭和石油为主的能源消费结构还未得到转变。④呈现以第二产业为主的能源产业结构。能源消费以生产能源为主，三次产业中第二产业能源消费量最大。而在第二产业中，又以工业能源消费为主，工业部门能源消耗又主要来源于工业终端消费和火力发电，第三产业碳排放主要来源于交通运输碳排放。⑤广东省 GDP 能耗逐年下降，经济发达地区能源利用效率普遍高于经济落后地区。

2. 产业能源碳排放影响因素量化分解研究结论

影响能源碳排放的主要驱动因素和抑制因素分别为土地经济产出和能源强度。能源结构和产业结构优化有助于减少碳排放，但能源结构从 2007 年开始对碳排放表现为增排效应；产业结构则从 2004—2006 年表现为增排效应，其他年份均表现为减排

效应。说明近年来,广东省能源结构调整仍需要加大调整力度;产业结构则已经跨过瓶颈期,进入稳定的碳减排阶段。除此之外,本书对城镇化水平(土地城镇化和人口城镇化)和城市人口密度对生产能源碳排放的影响进行了深入的分析。得出以下结论:土地城镇化和人口城镇化对碳排放均表现为增排效应,其中,土地城镇化的增排效应强于人口城镇化的增排效应。"十五"之前,城市人口密度对碳排放的效应不稳定,"十五"期间开始稳定表现为减排效应。

由于各减排因素的减排效应不足以抵消土地经济产出、人口规模增长、城镇化率的提高等增排因素产生的增排效应,因此,从1996年到2016年广东省的碳排放总量还在逐年上升,距离碳排放总量达峰还需要一段时间。

3. 产业能源碳排放与经济增长的脱钩关系研究结论

1996—2016年广东能源碳排放与经济发展之间的脱钩弹性值总体呈先增加后减小的变化趋势,其脱钩状态由1996—2005年的弱脱钩减弱阶段转变为2006—2016年的弱脱钩增强阶段。前一阶段,城镇化是能源碳排放与经济脱钩的主要抑制因素,而能源强度是主要促进因素;后一阶段,土地经济产出、土地城镇化和人口城镇化是影响脱钩增强的主要抑制因素,能源强度仍然是主要促进因素。

二、关键行业、关键因素的碳减排政策建议

碳排放时序演变规律及影响因素的研究结果表明,能源结构调整、产业结构调整、能源强度下降、城市人口密度下降是碳减排的四个重要促进因素,也是实现碳排放与经济增长脱钩的关键。第二产业、第三产业中的交通运输行业是碳减排的关键行业。本章将基于以上研究结果,从以下几方面为广东省低碳转型提出针对性的政策建议。

1. 关键影响因素的碳减排

研究表明,目前广东省能源结构调整还没有有效发挥碳减排的作用,产业结构已经冲破瓶颈,开始表现出稳定的碳减排效应,能源强度和城市人口密度的碳减排作用在减弱。因此,广东省碳减排的重点工作仍然是调整能源结构、降低能源强度,合理调整城市人口密度(即土地城镇化和人口城镇化协调发展)。

(1)严格按照《广东省"十三五"能源结构调整实施方案》稳步推进能源结构调整。各产业对能源的需求类型不同,随着产业结构调整的成效越来越明显,倒逼能源结构调整的趋势也越来越明显,因此,能源结构调整不仅是节能减排的重要措施,也是顺应产业结构调整的必然选择。

广东省在能源结构调整方面一直在采取行动,特别是近年来,明显加大了能源调整力度,加快了能源结构调整步伐。2017年,广东省发展改革委员会出台《广东省"十三五"能源结构调整实施方案》(以下简称《方案》),《方案》明确了能源结构的调整思路:严格控制煤炭消费增长,降低煤炭消费比重;积极拓展天然气消费市场,提高天然气消费比重;积极发展核电和可再生能源等非化石能源,有序发展气电,优化发展煤电,合理增加接收西电,提高非化石能源消费比重。

《方案》对能源结构调整设定了目标,即全省一次能源消费结构中,煤炭、石油、天然气和其他能源的比例将从 2015 年的 40.5%,24.6%,8.3% 和 26.6% 调整为 2020 年的 36.9%,21.1%,12% 和 30%。2020 年,全省非化石能源消费占能源消费总量的比重达到 26%。由此可见,广东省能源结构调整的最终目标是实现"以气(天然气)代煤"和"以非(非化石能源)代煤",将"气非"培育为广东能源的主体。

能源结构调整方案方面,广东省已经有很好的方案,相信只要按照《方案》的设计,对各项措施进行有序的实施,能源结构很快会发挥好的碳减排效果。

（2）加大科研投入、降低能源强度。能源强度下降主要依赖两方面：一是减少能源消费；二是提高经济发展水平。两者综合反映的是节能减排技术水平的提高。与能源结构的减碳效率相比,能源强度下降对碳减排的贡献要大得多,即广东省减碳贡献最大的是能源效率改进（技术进步）,而不是新能源（能源结构调整）。IPCC 最近一次发布的《全球 1.5 ℃ 增暖特别报告》指出,相比全球 2 ℃ 增温目标,实现 1.5 ℃ 目标所需的能源投资要高出 12%,2050 年在低碳能源技术和能效上的年度投资将比 2015 年多出 5 倍。

科学技术是一个国家综合国力的重要体现。提高节能减排的技术水平其根本还在科研资金的投入上。科研资金投入不足会造成技术水平的低下与落后。正如周大地所说[①],尽管在某些技术上,我们已具备一定的能力,但大量的高端能源技术、设备都需要依赖进口。在能源的关键技术方面,我国的自主开发能力相对薄弱。例如,煤炭的清洁技术气化液化和高效燃烧技术,天然气燃气轮机以及先进的锅炉电机等,基本都需进口。这么大的市场,如果靠大量购买国外的技术装备,势必要付出昂贵的代价。而且,国外的技术装备未必能适应中国的国情,我们的能源利用效率要高于世界平均水平,才能满足 13 亿人口的大国实现 GDP 翻两番的宏伟目标。因此,必须高度重视科技创新,广泛采用先进技术,淘汰落后设备、技术和工艺。

我国的科研投入逐年增加,占 GDP 的比重也逐年提高,但是与发达国家相比,我国的科研投入仍然比较落后。当今世界,国家间的经济竞争、综合国力竞争,在很大程度上表现为科学技术竞争。科学技术每一次重大突破,都会为一个国家的经济、政治、文化发展提供着基础和动力。科学技术竞争已日益成为国际竞争的制高点,占据了它,就能在国际竞争中占据主动地位。因此,我国在科研投入上仍需加大力度。能源安全关乎国家经济安全,而技术装备自主研发水平在很大程度上决定着能源产业的健康发展。因此,苦练技术装备"内功"应成为我国能源建设的重中之重。

2016 年,广东省的研究与试验发展（R&D）经费 1676.27 亿元,占全省 GDP 的比重为 2.56%,国家投资总经费 10977.66 亿元,占国家 GDP 的比重为 2.11%,广东省研究与试验发展投入占国家总经费的比重为 15.3%,由此可见,广东省的科研投入已经处于全国前列。尽管如此,我国距离创新性国家的科研投入力度（一般为 3% 以上）还有一段距离。因此,需要进一步努力提升科研投入力度,争当科技兴国兴

---

① https://www.bmlink.com/news/471709.html。

省的带头人，确保能源强度进一步下降。

随着技术减排的空间越来越小，广东省在加快高新技术研发的同时，仍需另辟蹊径，寻找更有效的节能减排突破口。比如，近年来逐渐成熟的市场化碳减排－碳交易对碳减排的效果越来越明显。

（3）促进土地城镇化和人口城镇化协调发展。城市人口密度是土地城镇化和人口城镇化综合作用的结果。近年来，由于城市的不断扩张，土地城镇化发展速度远大于人口城镇化的发展速度，使得人口密度不断下降。尽管人口密度下降有利于碳排放，但是，这种以土地城镇化的高速发展带来的人口密度下降实际上并不是我们希望看到的，因为这是一种不和谐的城镇化发展方式。人口城镇化是城镇化的核心，土地城镇化是城镇化的载体，健康的城镇化发展应该是城市建成区面积的合理扩张和农民生活水平提高、其他公共服务得到保障的协调状态，而不是只追求一方面，忽略了另一方面。

目前，广东省土地城镇化发展速度明显快于人口城镇化发展速度，其原因主要有以下三方面：一是改革开放以来，特别是进入 21 世纪以来，广东省工业的快速发展带来了对土地和劳动力的大量需求。但两者向城市转移的速度存在明显差异，即土地进行大量扩张的同时，由于技术发展和经济水平慢慢提高，对农村剩余劳动力的需求并没有成比例地增大，致使只有部分劳动力进入城市区域。二是由于户籍制度的限制，并不是所有进入城市工作的劳动力都可以成为城市的户籍人口，特别是近年来，成为广东省户籍人口是有一定的条件限制的。三是由于地方追求可以快速提高经济总量的方式，比如，依靠土地财政，可以在低价收地和高价卖地的过程中获得高额的差价，这项措施进一步加速了土地城镇化的扩张。

因此，广东省目前最紧要的是逐渐减缓土地城镇化的发展速度，采取有效措施提高人口城镇化的发展速度，努力使土地城镇化发展速度和人口城镇化发展速度相协调。

（1）控制三、四线城市的土地城镇化发展速度。土地城镇化发展速度较快的一个关键因素是由房地产的发展所带来的。随着房价的不断飙升，广东省珠三角地区的一、二级城市基本实施了不同强度的限购政策。例如，广州户籍单身限购一套，非本市户籍购房资格连续社保 3 年变 5 年，同时，执行认房又认贷政策等；深圳市企业限购、商务公寓限售、个人住房 3 年内限售，成为深圳史上最严限购政策；佛山市户籍居民限购两套，非本市户籍居民购房需要连续缴纳社保满 1 年。这导致很多大型房企纷纷撤出受限购限制的城市，转而进军并扎堆三、四线城市，客观上加剧了当地房地产的过度开发。与此同时，由于三、四线城市的产业发展相对落后，地产经济往往成为城市的支柱产业。当地政府为了拉动 GDP 增长，大力推动房地产建设，脱离了当地的经济、人口和产业发展水平，城市化建设发展与房地产开发出现脱节。因此，减缓广东省土地城镇化发展速度的一个重要手段是控制和减缓三、四线城市的土地城镇化发展速度。

（2）加快户籍制度改革，放宽积分入户条件。受户籍制度、社会保障制度等因素影响，大量异地务工人员未能随着城镇化进程融入当地社会，无法享受教育、就业、医疗、养老、保障性住房等基本公共服务，这削弱了他们对所在城镇的归属感与认同感，一定程度上制约了社会和谐发展。因此，需要在《广东省流动人口服务管理条例》和《关于开展外来务工人员积分制入户城镇工作的指导意见》（粤府办〔2010〕32号）等法规和政策文件的基础上，不断修改完善相关法规和政策，不断放宽准入条件，推进基本公共服务均等化，有序引导异地务工人员入户城镇和享受公共服务。

（3）加快中心镇建设，健康有序地提高人口城镇化。中心镇是广东城镇化体系的基础，加快中心镇建设，增强对农村的辐射带动能力，对实现传统社会向现代化社会转型，改变城乡二元结构，促进城镇化发展起到积极作用。目前，全省中心城镇共277个，占建制乡（镇、街道）的17.47%。根据全国第六次人口普查数据计算，2010年广东277个中心城镇人口为2475.88万人，占全省人口近四分之一，其中，城镇人口1552.19万人，人口城镇化率达62.69%，远高于全省其他建制镇的平均水平。这表明，经过十几年的不懈努力，广东中心城镇体系已逐渐形成。广东未来的人口城镇化将以城市为基础，通过中心城镇的不断扩散，积极拉动周边相关区域发展，从而达到改变城乡二元结构、建立新型城镇化社会的目的。

（4）制定地区差异化城镇化发展目标。由于全省区域经济发展的不平衡，导致地区间土地城镇化和人口城镇化水平发展存在显著差异。改革开放以来，广东以外向型经济发展为主，外资的引入对广东经济发展起到积极的推动作用，具有地缘优势的珠江三角洲地区在资金引入、先进技术应用、人才吸引等方面占据先机，珠三角地区经济迅速发展、城市建设日益完善、人民生活水平不断提高，使珠江三角洲地区成为省内外流动人口集聚地，土地城镇化和人口城镇化发展明显快于其他区域。

因此，应该根据各个城市的经济、社会、历史、地理、制度、政策的发展阶段和进程，以及所处的主体功能区范围，科学制定差异化的城镇化发展目标。严防部分城镇为吸引投资，随意圈占、盲目开发土地资源，导致土地城镇化的快速发展，使土地城镇化和人口城镇化的不协调度进一步扩大。可以将21个城市划分为几种城镇化类型，根据各类型城市的经济社会发展阶段和现状，分配不同的土地城镇化和人口城镇化发展目标，分批次、分阶段完成城镇化进程。

2. 推进交通运输节能

交通运输业碳排放是第三产业中的第一大碳排放源，因此，该领域的节能减排效果关系到整个第三产业的低碳发展质量。实际上，广东省在交通领域已经采取了不少的节能减排措施，与能源结构调整一样，广东省只要严格实施这些方案和措施，即可收到明显的节能减排效果。

（1）建章立制推动交通运输行业绿色发展。《关于全面深入推进绿色交通发展的意见》（以下简称《意见》）指出，推动绿色交通发展，重在建章立制，需要尽快建立起推动绿色交通发展急需且事关全局的关键制度，解决绿色交通发展的原生动力和支撑能力问题，全面建成以绿色发展为导向的制度标准体系、科技创新体系、监督管理体系，用最严格的制度、最严密的法治保护生态环境。完善的制度、规划和标准体系是保障《意见》的有效实施，是加快构建绿色交通体系的重要保障。科技创新是绿色交通建设的主要驱动力，也是绿色交通七项重大工程落实的有力保障。要积极推动各级交通运输主管部门加强绿色交通管理力量配备，推动建立港口和船舶污染物排放、船舶燃油质量等方面的部门间联合监管机制，强化船舶大气污染物监测和执法能力建设。

（2）加快推广新能源汽车。在加快新能源汽车方面，广东省已经做了很多有益的工作，快速推进了新能源汽车在全省各市的普及。目前，广东省新能源营运车辆达6.1万辆，新能源城市公交达3.6万辆；深圳市已实现了公交全面电动化。广东省将进一步加快推广应用新能源汽车，打赢蓝天保卫战，奋力开创交通运输高质量发展新局面。

目前，在新能源汽车推广方面，广东省各地均做了许多行之有效的探索和创新。广东省人民政府文件《关于加快新能源汽车产业创新发展的意见》（粤府〔2018〕46号）明确提出了支持互联网企业进入新能源汽车行业，取消对新能源汽车的限牌限行，全省新建住宅必须100%配备充电设施等。广州市"开四停四"限外政策与深圳市的限外政策均为助推新能源汽车的应用发挥了重要作用。深圳市通过政策激励、宣传引导等方式，按照一定标准给予购置补贴、充电设施建设补贴和动力电池回收补贴，并对新能源汽车首个1小时免收停车费，为新能源汽车推广应用工作创造良好的环境。深圳巴士集团坚持直流快充技术路线，以"用足谷电、用好平电、避开高峰"为基本原则，制定科学的充补电策略。佛山市构建起"制氢加氢、氢燃料电池及动力总成系统、氢能源车整车制造、氢能科技创新研究及产品检测"等全产业发展集群，有效地降低了氢能源汽车的制造成本。这些创新举措突破电动公交运营瓶颈。

（3）稳步推进绿色公路建设。2017年广东省交通运输厅印发《广东省推进绿色公路建设实施方案》（以下简称《方案》）和《广东省绿色公路建设技术指南（试行）》，决定在全省重点公路工程建设中全面推进绿色公路建设，力争到2020年实现绿色公路建设新理念、新技术及新制度在全省重点公路工程建设项目全覆盖。

《方案》提出，开展重点公路建设项目的"四个提升"专项行动，即在建项目绿色公路建设提升、拟建项目绿色公路设计建设提升、高速公路服务区绿色提升改造、国省干线公路旅游服务功能提升等；同时，积极创建部绿色公路示范工程和组织开展广东省绿色公路建设试点示范工程等重点工作，形成独具特色的广东绿色公路技术体系、标准体系和品牌。

第二节 关键地区差异化碳减排

一、能源碳排放空间差异化重点研究结论

本书第六至第九章进行的对广东省能源碳排放的空间分布格局演变、空间集聚与异质性分析等表明，广东省能源碳排放存在显著区域差异，需要制定差异化的碳减排政策。

(一) 碳排放空间格局演变趋势研究结论

1. 基于主体功能区的碳排放空间格局演变趋势

从经济发展水平来看，研究期间，各类主体功能区的经济发展水平逐年提高，其中，优化开发区的发展水平最高，人均 GDP 从 2005 年的 5 万元上升为 2016 年的 11.8 万元；其次为重点发展区；两类生态发展区的经济发展水平比较接近。

综合以上分析，得出以下结论：

（1）优化开发区经济发展水平最高，其能源消费带来的碳排放总量、人均碳排放量也最高，远大于其他三类主体功能区，但碳排放强度反而最低。主要是因为：一方面，其经济总量的增长速度远大于碳排放总量的增长速度，从而在整体上拉低了该地区的碳排放强度；另一方面，随着经济发展水平和各行各业工艺技术水平的提高，能源利用效率也逐渐提高。

（2）重点开发区是重点进行工业化城镇化开发的城市化地区，发展需求旺盛，尽管碳排放总量和人均碳排放量与优化开发区相比还有很大的差距，但其碳排放强度却远大于优化开发区，主要是因为重点开发区定位为"推动全省经济持续增长的重要增长极"，需要大力发展基础产业，形成工业密集带，因此，不可避免地发展一些高耗能的产业，造成对能源的大量消耗。

（3）两类生态功能区的经济发展水平均处于较低水平，碳排放总量和人均碳排放量也处于较低水平，其中，农产品主产区的碳排放总量和人均碳排放量略高于重点生态功能区，但碳排放强度却远大于重点生态功能区。从保障国家农产品安全以及永续发展的需要出发，农产品主产区的首要任务是增强农业综合生产能力。随着我国农村经济的发展和农业现代化进程的加快，化肥、农药、农业机械等高碳型生产资料的大量投入使用，农业生产中能源消耗越来越大。这就造成了农产品主产区"经济上不去，能耗下不来"的尴尬局面，使得农产品主产区成为碳排放强度最高的功能区。

2. 基于行政区划的碳排放空间格局演变趋势

2005—2016 年 21 个城市的碳排放总量均呈上升走势，但研究期初和期末碳排放总量的空间分布格局却发生了较大变化。2005 年，碳排放总量最高的区域为珠三角地区的广州市，碳排放最低的区域为粤西地区的云浮市、阳江市和粤北地区的河源市、汕尾市。2016 年经济发展迅猛的深圳市已经进入高碳排放区域行列。粤北地区的梅州市、潮州市和汕尾市从中下水平区域进入最低水平区域行列。

3. 三类指标的空间匹配关系研究

碳排放总量、人均碳排放量和碳排放强度三个指标在空间上的匹配关系总体可以分为两类：一类是碳排放总量高的地区，人均碳排放量也高，但是，碳排放强度小。这一类地区一般位于珠三角经济发达地区的优化开发区，或者珠三角周边重点开发区。另一类是三类指标均比较小的地区，这些地区一般分布在粤东西北的偏远山区，在主体功能定位上一般为生态发展区，特别是重点生态功能区。这些城市中，珠海市比较例外，即具有低的碳排放总量、低的碳排放强度，却有高的人均碳排放量。

（二）能源碳排放与经济增长脱钩的空间差异性研究

广东省及其21个地级市碳排放与经济增长的脱钩弹性值及脱钩状态总体表现为以下两个特征：①从脱钩弹性值的变化趋势来看，2006—2016年间，广东全省以及21个城市的碳排放与经济增长的脱钩弹性值均为正值，除阳江市脱钩弹性值呈先上升后下降的变化趋势，其他城市的脱钩弹性值均呈逐年下降的趋势，且有一个共性，即在2010年有一个短暂的反弹。②从脱钩状态的变化来看，珠三角区域的惠州市脱钩弹性值下降速度最快，脱钩状态变化最明显，从2005—2009年的扩张负脱钩转变为2010—2013年的扩张连接，后又转变为2014—2016年的弱脱钩。汕尾、江门和清远三个地级市的脱钩弹性值也经历了从扩展连接向弱脱钩的转变。湛江市脱钩弹性值在2016年也有一个明显的反弹趋势。从2006—2015年的弱脱钩转变为2016年的扩张连接。除此之外，其他城市的脱钩弹性值均在 $0\sim0.8$ 范围内呈下降趋势，即均表现为弱钩减弱趋势。由此可见，广东全省及其21个地级市的经济发展水平对碳排放依然存在较大依赖。

（三）能源碳排放的空间集聚与异质性研究结果

1. 21个地级市碳排放的空间自相关分析

全局空间自相关检验结果显示，2005—2016年，广东省21个地级市的碳排放总量和人均碳排放量具有极强的空间正相关关系，表现出极强的集群趋势，即碳排放总量和人均碳排放量相对较高（较低）的地市倾向于与其他具有较高（较低）碳排放总量和人均碳排放量的地市相邻近。但碳排放总量的空间集聚程度弱于人均碳排放量的空间集聚程度。碳排放强度的 Moran's I 为较小负值（除2005年和2016年），说明广东省碳排放强度在全局上显示较弱的空间负相关。

局域LISA分析结果表明，碳排放总量、人均碳排放量和碳排放强度三个指标均存在局域空间自相关性。其中，碳排放总量LISA分析结果显示，2005年东莞市为高—高碳排放总量显著集聚区，梅州市和揭阳市为低—低碳排放总量显著集聚区，中山市和惠州市形成了显著低—高（L-H）空间异质性。与2005年相比，2016年以惠州为核心的区域从显著低—高空间异质中心转变为显著高—高集聚中心，其他显著性城市所处的集聚类型不变。人均碳排放量LISA分析结果显示，2005年广州、东莞和中山成为人均碳排放量高—高显著聚的中心；梅州、潮州、揭阳和汕尾成为人均碳排放量低—低显著集聚中心；清远市表现为人均碳排放量低—高显著空间异质性。

与2005年相比，2016年主要的变化表现在，低—高显著空间异质区范围扩大，低—低显著集聚区范围缩小。广州市高—高显著性水平从0.1%降为1%，而揭阳市低—低显著性水平从5%上升为1%，说明在此期间揭阳市的低—低集聚中心地位在强化，而广州市的高—高集聚中心地位在弱化。碳排放强度的LISA分析结果显示，2005年碳排放强度不存在显著集聚和异质区，2016年仅有中山市通过了5%的显著性水平检验，表现为碳排放强度低—低显著集聚中心。

2. 区县能源碳排放空间自相关分析

全域空间自相关分析表明，2005—2016年碳排放总量具有显著的空间自相关性，且自相关程度呈逐年增强趋势。人均碳排放量具有显著的空间自相关性，但其自相关程度在逐年减弱。碳排放强度不存在（或存在微弱）全域空间自相关特征。由此可见，三类碳排放指标表现出不同的全域空间自相关特征。

局域 LISA 分析结果表明，碳排放总量、人均碳排放量和碳排放强度三个指标均存在局域空间自相关性。其中，碳排放总量及人均碳排放量高—高集聚区主要集中在珠三角的广州市、东莞市、深圳市的几个区县，低—低碳排集聚区主要集中在粤东西北外围地区。碳排放强度的集聚区与前两个差异较大，高—高集聚区主要出现在粤东北地区。

二、关键地区差异化碳减排政策建议

（一）碳排放高—高集聚区要优先减排且以技术减排和产业结构优化升级为两大抓手

碳排总量及人均碳排放量高—高集聚区主要集中在珠三角广州市、东莞市、深圳市的几个区县，这些区县属于主体功能区规划中的优化开发区，是典型的经济发达区，虽然碳排放强度已经相对较低，但是，由于经济基数大，碳排放强度下降一个百分点，对全省碳排放增量的下降都会有明显的影响。因此，这些地区要进行优先减排，是节能减排的重点区域。该区域应该从影响碳排的关键因素上着手，从技术减排和产业结构优化升级两方面开展工作。例如，进一步加大投资引进和研发先进节能减排技术，责令地区企业更换高效先进设备，督促高耗能产业进行转移并引进高新技术产业等。同时，要提高产业准入门槛、严格限制高耗能、高排放产业发展，构建低碳产业体系和消费模式，加快现有建筑和交通体系的低碳化改造，严格控制能源消费总量特别是煤炭消费总量，加快发展风电、太阳能等低碳能源。

（二）粤西碳排放低—低集聚区发展高新技术产业为主

粤西茂名市的茂南区和湛江市的廉江市、吴川市、坡头区属于主体功能区定位中的重点发展区，特别是湛江市，是粤西地区中心城市、全国重要的沿海开放城市，借助主体功能区的政策利好，发展势头强劲。"十三五"时期，宝钢湛江钢铁基地、中科炼化一体化、晨鸣浆纸、雷州大唐电厂等重大能耗项目以及一批上下游产业链配套项目相继集中建设，拉动了湛江市能源消费总量大幅上升，碳排放量随之增加。但从目前的情况来看，碳排放总量、人均碳排放量和碳排放强度三个碳排指标在这几个区县均存在显著的低—低集聚，而且在这些区域范围内的赤坎区出现了显著的高—低异质区。因此，这些区县经济发展的同时要适度节能减排，警惕高碳排放时代的到来，力保低—低集聚区的特征不变；同时，建议在赤坎区建立低碳经济示范区，借助周围低碳排放区对赤坎区的溢出效应，促进该地区碳排放的下降，消除高—低异质区特征。这就对产业结构调整和转移升级提出了更高的要求。

发展高新技术产业需要高层次人才的鼎力支持，因此，这些地区要制定灵活的用人制度为重点开发区解决人才问题，因为建设主体功能区是我国经济发展和生态环境保护的大战略，人才是根本。特别是重点开发区的人才队伍建设非常重要，重点开发区是我省未来新经济增长极，其发展质量关系到全省的整体发展水平，"骏马能历险，犁田不如牛；坚车能载重，渡河不如舟"，建议通过多样化的人才队伍建设以解决目前重点开发区人才队伍存在的"量少质低"问题：①建立高端智库机制，依托省政府专家委员会的力量，为每个市配备1～2名高级人才，建立与地市政府定期交流机制，持续地为地市发展出谋划策；②省人力资源社会保障厅的人才政策向欠发达地区倾斜，支持本土人才回乡服务；③争取高等院校在欠发达地区开设分校，发挥人才集聚效应；④对地方职能部门的干部开展定期培训，提高决策水平。

（三）粤东北碳排放低—低集聚区、碳排放强度高—高集聚区需注重保护生态环境，重点发展生态旅游业

粤东北的大部分区域为国家或省级重点生态功能区，这部分地区形成了大片的碳排放显著低—低集聚区，也存在个别的低—高或高—低异质区，由于经济发展相对落后，这些地区的碳排放强度反而高于经济发达地区。例如，在清远市的英德市、梅州市的平远县形成了碳排放强度的高—高集聚区。因此，大力提升经济规模的基数是这类地区降低碳排放强度的关键，可以通过以下两种关键的途径来实现。

1. 开展多元化生态补偿机制研究

建立健全生态保护补偿机制是建设生态文明的八大制度之一，生态发展区承担资源环境保护责任，经济发展受限，为解决生态发展区发展与保护的矛盾，需要建立生态发展的长效机制。建议开展多元化生态补偿机制研究：①编制自然资源资产负债表，摸清自然资源家底，包括各类自然资源的实物量、价值量、自然资源的种类及特性。根据不同资源的特性，制订不同的生态补偿方案。②探索生态产品定价机制，围绕科学评估核算生态产品价值、培育生态产品交易市场、创新生态产品资本化运作模式、建立政策制度保障体系等方面进行探索实践，为生态补偿提供方法和技术保障。③构建"省财政主导，市财政支持，社会捐赠"的多来源生态补偿资金筹集模式。纵向方面，省、市财政按一定比例（比如4∶6）分担生态补偿资金；横向方面，实行均一化生态服务付费模式，各市根据其生态补偿责任支付生态补偿资金上缴省财政，通过省财政统筹，将生态补偿资金划拨到各区，从而实现地区间的横向转移支付，体现区域均衡与公平。社会捐赠方面，吸纳社会生态补偿资金，呼吁来自国内外的各种民间社团及个人进行捐赠。

2. 借鉴国内外生态发展区的成功经验，开发生态旅游业，探索绿色青山变为金山银山的有效路径

分析生态资源优势转化为绿色经济优势的路径。第一产业应向科技型、生态型、集约型、观光型的现代化"生态大农业"模式转变，第二产业应向低能耗、低排放、高效能方式转变，构建起多要素联动的现代生态产业体系，充分利用生态资源优势发展旅游、养老、休闲产业。这样不仅可以保持或扩大碳排放低—低集聚区的范围，也可以使高—低异质区逐渐消失或转化为低—低集聚区的一部分。

第三节　地区间低碳经济追赶发展模式的形成

一、人均 GDP 与碳生产率的空间追赶脱钩研究结果

1. 人均 GDP 和碳生产率在空间匹配性研究

将 2005—2016 年广东省 21 个城市的碳生产率与人均 GDP 取平均值之后绘制两者之间关系的分布图（见图 7-8），由图可以看出，碳生产率和人均 GDP 在空间上存在不匹配的特征。人均 GDP 高的地区碳生产率不一定高，人均 GDP 低的地区碳生产率不一定低，发达地区和不发达地区均存在较高碳生产率的地区。根据人均 GDP 和碳生产率在空间格局上的差异性，我们将广东省 21 个城市划分为 A、B、C 三类地区：

A 类地区：具有较高的人均 GDP 和较高的碳生产率。珠三角地区的深圳、广州、珠海、佛山、中山和东莞 6 个城市位于此类区域。该类地区碳生产率高主要是因为节能技术水平提高引起的能源效率提高拉动的。

B 类地区：具有较低的人均 GDP，但具有较高的碳生产率，主要源于该类地区能源需求量少导致碳排放量少。汕尾、汕头、湛江、阳江、江门和肇庆 6 个城市处于该类地区。

C 类地区：具有较低的人均 GDP 和较低的碳生产率，该类地区主要是因为 GDP 偏低造成的。河源、揭阳、惠州、梅州、云浮、茂名、潮州、清远和韶关 9 个城市位于此类地区。

2. 人均 GDP 和碳生产率追赶脱钩结果

2005—2016 年，广东省 A、B、C 三类地区的地级市在发展过程中对"模范城市"深圳市表现为不同的脱钩状态和追赶态势。

A 类地区：2005—2010 年，广州市对模范城市表现为碳生产率单指标追赶态势，2010—2016 年表现为人均 GDP 和碳生产率双追赶的状态。珠海市对模范城市表现为从 2005—2010 年的碳生产率单指标追赶到 2010—2016 年的人均 GDP 单指标追赶。佛山市对模范城市的追赶表现为 2005—2010 年双追赶，2010—2016 年转变为人均 GDP 单指标追赶的状态。中山市和东莞市在 2005—2010 年实现了对模范城市的碳生产率单指标追赶，而 2010—2016 年则转变为双不追赶。由此可见，A 类地区的 5 个城市在发展过程中对模范城市表现为截然不同的追赶状态，说明尽管处于同一水平，但由于各市本身的地位和发展目标的不同，各市的发展趋势也大不相同。

B 类地区：B 类地区的城市均具有人均 GDP 低和碳生产率较高的地区特征。汕头市对模范城市的追赶脱钩状态从 2005—2010 年的弱脱钩转变为 2010—2016 年的强脱钩，即从对模范城市的双不追赶到碳生产率单指标追赶。阳江市从 2005—2010 年的碳生产率单指标追赶到 2010—2016 年的双不追赶，且碳生产率与模范城市的差距

越拉越大，说明阳江市原本向好的低碳经济发展路径已经改变，经济发展对高耗能产业的依赖程度增加。B类地区的其他城市在研究期内没有对模范城市进行追赶。

C类地区：C类地区的各城市均没有实现对模范城市的追赶，一方面，是因为其低人均GDP和低碳生产率的特征决定了它们对模范城市追赶是一个非常漫长的过程；另一方面，根据主体功能区定位，该类地区基本属于国家、省级重点生态功能区或农产品主产区，肩负环境保护的责任，经济发展在一定程度上受阻。

二、形成健康的地区间低碳经济追赶发展模式、促进区域协调发展

根据上文分析，低碳经济发展一方面需要全省统筹规划、制定区域协调发展政策，另一方面需要A、B、C三类地区结合各自发展阶段特征和主体功能地位，制订适合、高效的低碳发展规划。通过各方的共同努力，实现全省各市的同步现代化。

A类地区具有高且稳定的经济增速，是其他地区城市发展追赶的对象。A类地区中无论是作为模范城市的深圳市还是其他城市，提高碳生产率仍然是其共同的目标，而提高该类地区的碳生产率应该主要通过节能减碳技术水平的提高来逐渐实现绝对意义上的碳减排。因此，珠海市、佛山市、中山市和东莞市这些地区应该利用自己的经济优势，加大对各耗能行业关键节能减排技术的研发力度，投资总额占GDP的比重争取达到或超过3%，创建创新型城市。

B类地区具有较低的人均GDP，但具有较高的碳生产率，主要是因为该类地区碳排放量少，肩负生态保护的责任。现阶段该类地区有两大重点任务：一是发展经济，以高附加值产业为主，在提高自身经济实力的同时，尽可能控制碳排放量的增加，特别是阳江市和湛江市，其低碳发展势头减弱，两市需要加大节能减排力度和调整产业结构，谨防高碳时代的回归。二是争取生态补偿资金，开展生态补偿相关的基础性研究工作，为争取生态补偿提供依据，比如，编制自然资源资产负债表，摸清自然资源家底，包括各类自然资源的实物量、价值量、自然资源的种类及特性。探索生态产品定价机制，通过提高生态产品价格激励生态发展区提供优质生态产品等。

C类地区具有较低的人均GDP和较低的碳生产率，该类地区多为国家主体功能区划定的生态发展区和农产品主产区，也是碳排放低—低集聚区和碳排放强度高—高集聚区的区域范围。因此，该类地区发展方针策略也与前述一致。即一方面可以与B类地区一样，积极争取生态补偿资金，生态补偿是平衡优化开发区、重点开发区同限制开发区和禁止开发区经济发展差距，实现区域协调发展的重要手段。良好的生态补偿机制也是主体功能区规划能够顺利推进的重要保障。另一方面可以通过大力发展生态产业，实现经济发展和碳生产率的双提高。

参 考 文 献

[1] 逯非,王效科. 农田土壤固碳措施的温室气体泄漏和净减排潜力 [J]. 生态学报,2009,29 (9):4993-5006.

[2] 何英. 森林固碳估算方法综述 [J]. 世界林业研究,2005,18 (1):22-27.

[3] 周隽,王志强,朱臻. 全球气候变化与森林碳汇研究概述 [J]. 陕西林业科技,2011 (2):47-52.

[4] 李怒云,杨炎朝. 气候变化与碳汇林业概述 [J]. 开发研究,2009,142 (3):95-97.

[5] IPCC. Climate change 2007:the physical science basis. Summary for policy makers [EB/OL]. http://www.ipcc.ch.

[6] 秦大河,振林,罗勇,等. 气候变化科学的最新认知 [J]. 气候变化研究进展,2007,3 (2):63-73.

[7] 姚伟. 气候变化和碳减排 [J]. 节能与环保,2008 (2):13-15.

[8] European commission joint research centre (EC-JRC). Increasing risk over time of weather-related hazards to the European population:a data-driven prognostic study [J]. Lancet planetary health,2017.

[9] IPCC. 气候变化 2007 综合报告(中文版)[EB/OL]. http://www.docin.com/p-317452450.html.

[10] 世界银行. 2009 世界发展报告:重塑世界经济地理 [M]. 胡光宇,译. 北京:清华大学出版社,2009:191.

[11] JULIEN C,FLORIAN I,LUDOVIC M. Risk aversion and institutional information disclosure on the European carbon market:A case study of the 2006 compliance event [J]. Energy policy,2009,37 (1):15-28.

[12] 魏一鸣,范英,刘兰翠,等. 中国能源报告(2008):碳排放研究 [M]. 北京:科学出版社,2008.

[13] Andrea T. New CO_2 milestone:3 months above 400 ppm [EB/OL]. Climate Central,2014. http://www.climatecentral.org/news/CO2-milestone-400-ppm-climate-17692.

[14] 丁仲礼,段晓男,葛全胜,等. 2050 年大气 CO_2 浓度控制:各国排放权计算 [J]. 中国科学 D 辑:地球科学,2009,39 (8):1009-1027.

[15] 朱勤. 我国人口发展与居民消费模式对碳排放影响的研究 [D]. 上海:复旦大学,2010.

[16] 新华网. 联合国气候变化框架公 [EB/OL]. http://news. xinhuanet. com/ziliao/2003－07/10/content_966008. htm.

[17] 武曙红, 张小全, 李俊清. 清洁发展机制下造林或再造林项目的额外性问题探讨 [J]. 北京林业大学学报（社会科学版）, 2005, 4 (2): 551－571.

[18] IEA. CO_2 emissions from fuel combustion [DB/OL]. 2012 edition. IEA. Statistics, 2012. http://www. iea. org/stats/index. asp.

[19] IPCC. 2006 IPCC Guidelines for National Greenhouse Gas Inventories [M]. Japan: IGES, 2006: 29－212.

[20] William R M, Gregory C U. Are environmental Kuznets curves misleading us? The case of CO_2 emissions [J]. Environment and development economics, 1997, 2 (4): 451－463.

[21] Timmons R J, Peter E. Grimes carbon intensity and economic development 1962—1991: a brief exploration of the environmental Kuznets curve [J]. World development, 1997, 25 (2): 191－198.

[22] Schmalensee R, Stoker T M, Judson R A. World carbon dioxide emission: 1950—2050 [J]. The review of economics and statistics, 1998, 80 (1): 85－101.

[23] DE BRUYN S M, VAN DEN BERGH J C J M, OPSCHOOR J B. Economic growth and emissions: reconsidering the empirical basis of environmental Kuznets curves [J]. Ecological economics, 1998, 25 (2): 161－175.

[24] JOHAN A, DELPHINE F, KOEN S. A shapley decomposition of carbon emissions without residuals [J]. Energy policy, 2002, 30 (9): 727－736.

[25] KEI G, KOJI S, YUZURU M, et al. Scenario study for a regional low-carbon society [J]. Sustainability science, 2007, 2 (1): 121－131.

[26] KEI G, KOUJI S, YUZURU M. A low-carbon scenario creation method fora local-scale economy and its application in Kyoto city [EB/OL]. 2009－08－25. www. elsevier. com/locate/enpol.

[27] MOHAMED O, ALISTAIR O'REILLY. Feasibility of zero carbon homes in England by 2016: a house builder's perspective [J]. Building and environment, 2009, 44 (9): 1917—1924.

[28] 张德英, 张丽霞. 碳源排碳量估算办法研究进展 [J]. 内蒙古林业科技, 2005 (1): 20－23.

[29] 张震, 李跃, 焦习燕. 能源替代视角下碳排放测算模型构建及减碳机理研究——以煤炭矿区为例 [J]. 矿冶工程, 2017, 37 (3): 152－155.

[30] DINDA S. Environmental Kuznets curve hypothesis: a survey [J]. Ecological economics, 2004, 49 (4): 431－455.

[31] GROSSMAN G, KRUEGER A. Economic growth and the environment [J]. Quarterly journal of economics, 1995, 110 (2): 353－377.

[32] 许海平. 空间依赖、碳排放与人均收入的空间计量研究 [J]. 中国人口·资源

与环境, 2012, 22 (9): 149-157.

[33] GROSSMAN G M, KRUEGER A B. Environmental impact of a north american free trade agreement [R]. National bureau of economic research, working paper, NBER, Cambridge M A, 1991.

[34] NEMAT S, SUSHENJIT B. Economic growth and environmental quality: time series and cross-country evidence [R]. Working paper, worldbank, Washington D. C, 1992.

[35] SHAFIK N, BANDYOPADHYAY S. Economic growth and environmental quality: time series and cross-country evidence [R]. Background paper for the World Development Report, 1992.

[36] FRIEDL B, GETZNER M. Determinants of CO_2 emissions in a small open economy [J]. Ecological economics, 2003, 45 (1): 133-148.

[37] GENE M G, ALAN B K. Economic growth and the environment [J]. Quarterly journal of economics, 1995, 110: 353-378.

[38] VIVEK S, DUANE C. Economic growth, trade and energy: implications for the environmental Kuznets curve [J]. Ecological economics, 1998, 25 (12): 195-208.

[39] MOHAN M. Is Environmental degradation an inevitable consequence of economic growth: tunneling through the environmental Kuznets curv [J]. Ecological economics, 1999, 29 (1): 89-109.

[40] COLE M A, RAYNER A J, BATES J M. The environmental Kuznets curve: an empirical analysis [J]. Environment and development economics, 1997, 4 (2): 401-416.

[41] HOLTZ-EAKIN D, SELDEN T M. Stoking the fires? CO_2 emissions and economic growth [J]. Journal of public economics, 1995, 1 (57): 85-101.

[42] COLE M A. Development, trade, and the environment: how robust is the environmental Kuznets curve? [J]. Environment and development economics, 2003, 8: 557-580.

[43] SHI A. The impact of population pressure on global carbon dioxide emissions, 1975—1996: evidence from pooled cross-country data [J]. Ecological economics, 2003 (46): 351-365.

[44] YORK R, ROSE E. A, DIETA T. Stirpat, IPAT and impact: analytic tools for unpacking the driving forces of environmental impacts [J]. Ecological economics, 2002 (40): 351-367.

[45] SIGRID S. Delinking economic growth from environmental degradation? A literature survey on the environmental Kuznets curve hypothesis [R]. Working paper, 1999.

[46] MARZIO G, ALESSANDRO L, FRANCESCO P. Reassessing the environ-mental Kuznets curve for CO_2 emission: a robustness exercise [J]. Ecological economics,

2006, 57 (1): 152 - 163.

[47] SONG T, ZHENG T G, TONG L J. An empirical test of the environmental Kuznets curve in China: a panel cointegration approach [J]. China economic review, 2008, 19 (3): 381 - 392.

[48] PARESH K N, SEEMA N. Carbon dioxide emissions and economic growth: panel data evidence from developing countries [J]. Energy policy, 2010, 38 (1): 661 - 666.

[49] 付加锋, 高庆先, 师华定. 基于生产与消费视角的 CO_2 环境库兹涅茨曲线实证研究 [J]. 气候变化研究进展, 2008, 4 (6): 376 - 381.

[50] 王中英, 王礼茂. 中国经济增长对碳排放的影响分析 [J]. 安全与环境学报, 2006, 6 (5): 88 - 91.

[51] 杜婷婷, 毛锋, 罗锐. 中国经济增长与 CO_2 排放演化探析 [J]. 中国人口·资源与环境, 2007, 17 (2): 94 - 99.

[52] 胡初枝, 黄贤金, 钟太洋, 等. 中国碳排放特征及其动态演进分析 [J]. 中国人口·资源与环境, 2008, 18 (3): 38 - 42.

[53] 王琛. 我国碳排放与经济增长的相关性分析 [J]. 管理观察, 2009, (3): 149 - 150.

[54] 宋涛, 郑挺国, 佟连军. 环境污染与经济增长之间关联性的理论分析和计量检验 [J]. 地理科学, 2007, 27 (2): 156 - 162.

[55] 徐玉高, 郭元, 吴宗鑫. 经济发展、碳排放和经济演化 [J]. 环境科学进展, 1999, 7 (2): 54 - 64.

[56] 魏下海, 余玲铮. 空间依赖、碳排放与经济增长——重新解读中国的 EKC 假说 [J]. 探索, 2011, (1): 100 - 105.

[57] 吴献金, 邓杰. 贸易自由化、经济增长对碳排放的影响 [J]. 中国人口·资源与环境, 2011, 21 (1): 43 - 48.

[58] CHIEN C L, CHUN P C. Energy consumption and economic growth in Asian economies: a more comprehensive analysis using panel data [J]. Resource and energy economics, 2008, 30 (1): 50 - 65.

[59] UGUR S, RAMAZAN S. Energy consumption, economic growth, and carbon emissions: challenges faced by an EU candidate member [J]. Ecological economics, 2009, 68 (6): 1667 - 1675.

[60] ZHANG X P, CHENG X M. Energy consumption, carbon emissions, and economic growth in China [J]. Ecological economics, 2009, 68 (10): 2706 - 2712.

[61] STELA Z T. Energy consumption and economic growth: a causality analysis for greece [J]. Energy economics, 2010, 32 (3): 582 - 590.

[62] 赵爱文, 李东. 中国碳排放与经济增长的协整与因果关系分析 [J]. 长江流域资源与环境, 2011, 20 (11): 1297 - 1303.

[63] LI X S, QU F T, GUO Z X. Decoupling between urban and rural construction land

[J]. China population, resources and environment, 2008, 18 (5): 179-184.

[64] OECD. Indicators to measure decoupling of environmental pressures from economic growth [R]. Paris, 2002.

[65] TAPIO P. Towards a theory of decoupling: degrees of decoupling in the EU and the case of road traffic in Finland between 1970 and 2001 [J]. Transport policy, 2005, 12: 137-151.

[66] ANDERSEN M S. Decoupling environmental pressures and economic growth [J]. Public policy research, 2005, (6): 79-84.

[67] GRAY D, ANABLE J, ILLINGWORTH L. Decoupling the link between economic growth, transport growth and carbon emissions in Scotland [EB/OL]. 2010. Available online: http://wenku.baidu.com/view/d7f9fa0df12d2af90242e60e.html, 2010. (accessed on 01 July 2018).

[68] FREITAS L C. Decomposing the decoupling of CO_2 emission and economic growth in Brazi [J]. Ecological economics, 2011, (6): 1459-1469.

[69] 孙耀华，李忠民. 中国各省区经济增长与碳排放脱钩关系研究 [J]. 中国人口·资源与环境，2011, 21 (5): 87-92.

[70] 孙敬水，陈稚蕊，李志坚. 中国发展低碳经济的影响因素研究 [J]. 审计与经济研究，2011, (4): 85-93.

[71] 庄敏芳. 台湾工业与运输部门脱钩指标建构与评估 [D]. 台北：台北学，2006.

[72] 庄贵阳. 低碳经济：气候变化背景下中国的发展之路 [M]. 北京：气象出版社，2007: 28-30.

[73] 李忠民，庆东瑞. 经济增长与二氧化碳脱钩实证研究——以山西省为例 [J]. 福建论坛（人文社会科学版），2010 (2): 67-72.

[74] 赵爱文，李东. 中国碳排放与经济增长脱钩关系的实证分析 [J]. 技术经济，2013, 32 (1): 106-111.

[75] 王云，张军营，赵永椿，郑楚光. 基于 CO_2 排放因素模型的"脱钩"指标构建与评估—以山西省为例 [J]. 煤炭学报，2011, 36 (3): 507-513.

[76] WANG W W, LIU R, ZHANG M, et al. Decomposing the decoupling of energy-related CO_2 emissions and economic growth in Jiangsu Province [J]. Energy for sustainable development, 2013, 17: 62-71.

[77] WANG W X, KUANG Y Q, HUANG N S, ZHAO D Q. Empirical research on decoupling relationship between energy-related carbon emission and economic growth in Guangdong province-based on extended Kaya identity [J]. The scientific world journal, 2014, 1-11.

[78] BEINHOCK E, OPPENHEIMJ, IRONS B, et al. The carbon productivity challengy: curbing climate change and sustaining economic growth [EB]. 2008, http://www.mckinsey.com/mgi. Nov.

[79] BLAIR T, THE CLIMATE GROUP. Breaking the climate deadlock: a global deal for our low carbon future, report submitted to the G8 Hokkaido Toyake summit, June, 2008 [EB/OL]. http://www.cop15. dk /NR/ rdonlyres / 64EB28CF - 9665 - 4345 - AB53 - 46BC63BA1E02/ 0 /AGlobalDealfor our Low-Carbon Funture. pdf, Nov, 2008.

[80] ERIC B, JEREMY O, BEN I, et al. The carbon productivity challenge: Curbing climate change and sustaining economic growth [EB/OL]. June 2008, https://www.mckinsey.com/~/media/McKinsey/Business 20% Functions/Sustainability/ Our 20% Insights/The 20% carbon 20% productivity 20% challenge/MGI_carbon_productivity_challenge_report. ashx.

[81] LU Z N, YANG Y, WANG J. Factor decomposition of carbon productivity chang in China's main industries: based on the laspeyres decomposition method [J]. Energy procedia, 2014, 61: 1893 - 1896.

[82] 何健坤,苏明山. 应对全球气候变化下的碳生产率分析 [J]. 中国软科学, 2009 (10): 42 - 47.

[83] 谌伟,诸大建,白竹岚. 上海市工业碳排放总量与碳生产率关系 [J]. 中国人口·资源与环境, 2010 (9): 24 - 29.

[84] 刘国平,曹莉萍. 基于福利绩效的碳生产率研究 [J]. 软科学, 20111 (1): 71 - 74.

[85] 张永军. 技术进步、结构变动与碳生产率增长 [J]. 中国科技论坛, 2011 (5): 114 - 120.

[86] 潘家华,张丽峰. 我国碳生产率区域差异性研究 [J]. 中国工业经济, 2011 (5): 47 - 57.

[87] 王永龙. 我国高碳发展模式下的碳生产率增长分析 [J]. 经济学家, 2011 (9): 36 - 41.

[88] 徐大丰. 碳生产率、产业关联与低碳经济结构调整——基于我国投入产出表的实证分析 [J]. 软科学, 2011 (3): 42 - 46.

[89] 彭文强,赵凯. 我国碳生产率的收敛性研究 [J]. 西安财经学院学报, 2012, 25 (5): 16 - 22.

[90] 张成,蔡万焕,于同申. 区域经济增长与碳生产率——基于收敛及脱钩指数的分析 [J]. 中国工业经济, 2013, (5): 19 - 30.

[91] BIRDSAL I N. Another look at population and global warming: population, health and nutrition policy research [C]. Working paper, Washington, DC: World Bank, WPS 1020, 1992.

[92] KNAPP T, MOOKERJEE R. Population growth and global CO_2 emissions [J]. Energy policy, 1996, 24 (1): 31 - 37.

[93] MICHAEL D, BRIAN O N, ALEXIA P, et al. Population aging and future carbon emissions in the United States [J]. Energy economics, 2008, 30: 642 - 675.

[94] SCHIPPER L, BARTLETT S, et al. Linking life-styles and energy use: a matter of time? [J]. Annual review of energy, 1989, 14: 271-320.

[95] LENZEN M. Primary energy and greenhouse gases embodied in Australian final consumption: an input-output analysis [J]. Energy policy, 1998, 26 (6): 495-506.

[96] WEBER C, PERRELS A. Modelling life style effects on energy demand and related emissions [J]. Energy policy, 2000, 28: 549-566.

[97] KIM J H. Changes in consumption patterns and environmental degradation in Korea [J]. Structural change and economic dynamics, 2002, 13: 1-48.

[98] 彭希哲, 朱勤. 我国人口态势与消费模式对碳排放的影响分析 [J]. 人口研究, 2010, 34 (1): 48-58.

[99] 李国志, 李宗植. 人口、经济和技术对二氧化碳排放的影响分析——基于动态面板模型 [J]. 人口研究, 2010, 34 (3): 32-39.

[100] 李国志, 周明. 人口与消费对二氧化碳排放的动态影响——基于变参数模型的实证分析 [J]. 人口研究, 2010, 36 (1): 63-72.

[101] 肖周燕. 我国人口-经济-二氧化碳排放的关联研究 [J]. 人口与经济, 2012, (1): 16-21.

[102] 潘家华, 朱仙丽. 人文发展的基本需要分析及其在国际气候制度设计中的应用——以中国能源与碳排放需要为例 [J]. 中国人口·资源与环境, 2006, 16 (6): 23-30.

[103] WEI Y M, LIU L C, FAN Y, et al. The impact of lifestyle on energy use and CO_2 emission: an empirical analysis of China's residents [J]. Energy policy, 2007, 35: 247-257.

[104] 郭朝先. 中国碳排放因素分解: 基于 LMDI 分解技术 [J]. 中国人口·资源与环境, 2010, 20 (12): 4-9.

[105] 夏炎, 陈锡康, 杨翠红. 关于结构分解技术中两种分解方法的比较研究 [J]. 2010, 19 (5): 27-33.

[106] 罗杰珀曼, 马越, 等. 自然资源与环境经济学 [M]. 北京: 中国经济出版社, 2002: 532-568.

[107] CHANG Y F, SUE J L. Structural decomposition of industrial CO_2 emission in Taiwan: an input-output approach [J]. Energy policy, 1998, 26 (1): 5-12.

[108] NOBUKO Y. An analysis of CO_2 emissions of Japanese industries during the period between 1985 and 1995 [J]. Energy policy, 2004, 32: 595-610.

[109] RHEE H C, CHUNG H S. Change in CO_2 emission and its transmissions between Korea and Japan using international input-output analysis [J]. Ecological economics, 2006, 58: 788-800.

[110] MIGUEL A T M, PABLO D R G. A combined input-output and sensitivity analysis approach to analyses sector linkages and CO_2 emissions [J]. Energy economics,

2007, 29: 578-597.

[111] 梁进社, 郑蔚, 蔡建明. 中国能源消费增长的分解——基于投入产出方法 [J]. 自然资源学报, 2007, 22 (6): 853-864.

[112] 李艳梅, 张雷. 中国能源消费增长原因分析与节能途径探讨 [J]. 中国人口·资源与环境, 2008, 18 (3): 83-87.

[113] 高振宇, 王益. 我国生产用能源消费变动的分解分析 [J]. 统计研究, 2007, 24 (3): 52-57.

[114] 吴开亚, 王文秀, 张浩, 等. 上海市居民消费的间接碳排放及影响因素分析 [J]. 华东经济管理, 2013, 27 (1): 1-7.

[115] ANG B W. Decomposition analysis for policymaking in energy: what is preferred method? [J]. Energy policy, 2004, 32 (9): 1131-1139.

[116] HYUN S C, HAE C R. A residual-free decomposition of the sources of carbon dioxide emissions: a case of the Korean industries [J]. Energy, 2001, 26: 15-30.

[117] KAYA Y. Impact of carbon dioxide emission on GNP growth: interpretation of proposed scenarios [R]. Presentation to the energy and industry subgroup, response strategies working group, IPCC, Paris, 1989.

[118] ANG B W. The LMDI approach to decomposition analysis: a practical guide [J]. Energy policy, 2005, 33: 867-871.

[119] GREENING L A, DAVIS W B, SCHIPPER L. Decomposition of aggregate carbon intensity for the manufacturing sector: comparison of declining trends from 10 OECD countries for the period 1971—1991 [J]. Energy economics, 1998, 20 (1): 43-65.

[120] GREENING L A, TING M, AND DAVIS W B. Decomposition of aggregate carbon intensity for freight: Comparison of declining trends from 10 OECD countries for the period 1971—1993 [J]. Energy economics, 1999, 21 (4): 331-361.

[121] GREENING L A, TING M, KRACKLER T J. Effects of changes in residential end-uses and behavior on aggregate carbon intensity: Comparison of 10 OECD countries for the period 1970—1993 [J]. Energy economics, 2001, 23 (2): 153-178.

[122] GREENING L A. Effects of human behavior on aggregate carbon intensity of personal transportation: Comparison of 10 OECD countries for the period 1970—1993 [J]. Energy economics, 2004, 26 (1): 1-30.

[123] BHATTACHARYYA S C, USSANARASSAMEE A. Decomposition of energy and CO_2 intensities of Thai industry between 1981 and 2000 [J]. Energy economics, 2004, 26 (5): 765-781.

[124] WANG W X, KUANG Y Q, HUANG N S. Study on the decomposition of factors affecting energy-related carbon emissions in Guangdong province, China [J]. Energies, 2011, 4 (12): 2249-2272.

[125] ZHANG Z X. Estimating the size of the potential market for the Kyoto flexibility

mechanisms [J]. Review of world economics, 2000, 136 (3): 491 – 512.

[126] 朱勤, 彭希哲, 陆志明, 等. 中国能源消费碳排放变化的因素分解及实证分析 [J]. 资源科学, 2009, 31 (12): 2072 – 2079.

[127] WANG C, CHEN J, ZOU J. Decomposition of energy-related CO_2 emissions in China: 1957—2000 [J]. Energy, 2005, 30: 73 – 80.

[128] 徐国泉, 刘则渊, 姜照华. 中国碳排放的因素分解模型及实证分析: 1995—2004 [J]. 中国人口·资源与环境, 2006, 16 (6): 158 – 161.

[129] 吴玉鸣, 李建霞. 中国省域能源消费的空间计量经济分析 [J]. 中国人口·资源与环境, 2008, 18 (3): 93 – 98.

[130] 肖黎姗, 王润, 杨德伟, 等. 中国省际碳排放极化格局研究 [J]. 中国人口·资源与环境, 2011, 21 (11): 21 – 27.

[131] 邹艳芬, 陆宇海. 基于空间自回归模型的中国能源利用效率区域特征分析 [J]. 统计研究, 2005, (10): 67 – 71.

[132] 龙家勇, 吴承祯, 洪伟, 等. 中国省域二氧化碳排放量的空间自相关分析 [J]. 生态经济, 2011 (10): 49 – 53.

[133] 赵云泰, 黄贤金, 钟太洋, 等. 1999—2007 年中国能源碳排放强度空间演变特征 [J]. 环境科学, 2011, 32 (11): 3145 – 3152.

[134] 陈青青, 龙志和. 中国区域 CO_2 排放收敛的空间计量分析 [J]. 资源与产业, 2011, 13 (6): 128 – 134.

[135] 马军杰, 陈震, 尤建新. 省域一次能源 CO_2 排放的空间计量经济分析 [J]. 技术经济, 2010, 29 (12): 62 – 67.

[136] 郑长德, 刘帅. 基于空间计量经济学的碳排放与经济增长分析 [J]. 中国人口·资源与环境, 2011, 21 (5): 80 – 86.

[137] 许海平. 空间依赖、碳排放与人均收入的空间计量研究 [J]. 中国人口·资源与环境, 2012, 22 (9): 149 – 157.

[138] 姚奕, 倪勤. 中国地区碳强度与 FDI 的空间计量分析——基于空间面板模型的实证研究 [J]. 经济地理, 2011, 31 (9): 1432 – 1438.

[139] 朱远, 邱寿丰. 福建省能源消费二氧化碳排放计算与分析 [J]. 福建论坛 (人文社会科学版), 2010, (10): 145 – 148.

[140] 胡初枝, 黄贤金, 钟太洋, 等. 中国碳排放特征及其动态演进分析 [J]. 中国人口·资源与环境, 2008, 18 (3): 38 – 42.

[141] PARK S H. Decomposition of industrial energy consumption: an alternative method [J]. Energy economics, 1992, 14 (4): 265 – 270.

[142] SCHIPPER L, HOWARTH R B, GELLER H. United States energy use from 1973 to 1987: the impacts of improved efficiency [J]. Annual review of energy, 1990, 15: 455 – 504.

[143] SCHIPPER L, HOWARTH R B, CARLESARLE E. Energy intensity, sect oral activity, and structural change in the Norwegian economy energy [J]. The internation-

al journal, 1992, 17 (3): 215-233.

[144] SCHIPPER L, HOWARTH R B, ANDERSON B. Energy use in Denmark: an international perspective [J]. Natural resources forum, 1993, 17 (2): 83-103.

[145] HOWARTH R B. Energy use in U. S. manufacturing: the impacts of the energy shocks on sectoral output, industry structure, and energy intensity [J]. Journal of energy and development, 1989, 14 (2): 175-191.

[146] HOWARTH R B, SCHIPPER L. Manufacturing energy use in eight OECD countries: trends through 1988 [J]. Energy journal, 1991, 12 (4): 15-40.

[147] HOWARTH R B, SCHIPPER L, DUERR P A, et al. Manufacturing energy use in eight OECD countries [J]. Energy economics, 1991, 13 (2): 135-142.

[148] 李国璋, 王双. 中国能源强度变动的区域因素分解分析——基于 LMDI 分解方法 [J]. 财经研究, 2008, 34 (8): 52-62.

[149] 陈百明, 杜红亮. 试论耕地占用与 GDP 增长的脱钩研究 [J]. 资源科学, 2006, 28 (5): 36-42.

[150] 彭佳雯, 黄贤金, 钟太洋, 等. 中国经济增长与能源碳排放的脱钩研究 [J]. 资源科学, 2011, 33 (4): 626-633.

[151] 吴文洁, 张亚南. 产业发展与碳排放的脱钩分解分析 [J]. 产业观察, 2013, (1): 117-118.

[152] KENJI Y, RYUJI M, YUTAKA N, et al. A study on economic measure for CO_2 reduction in Japan [J]. Energy policy, 1993, 21 (1): 123-132.

[153] OTAVIO M, JOSE G. The evolution of the "carbonization index" in developing countries [J]. Energy policy, 1999, 27 (5): 307-308.

[154] JISUN. The decrease of CO_2 emission intensity is decarbonization at national and global levels [J]. Energy policy, 2005, 33 (8): 975-978.

[155] 潘家华, 庄贵阳, 郑艳, 等. 低碳经济的概念辨识及核心要素分析 [J]. 国际经济评论, 2010, (4): 88-101.

[156] 褚大建. 哥本哈根会议与低碳经济革命 [J]. 牡丹江日报, 2009, 007 版.

[157] 潘家华. 怎样发展中国的低碳经济 [J]. 绿叶, 2009 (5): 20-27.

[158] 付加锋, 庄贵阳, 高庆先. 低碳经济的概念辨识及评价指标体系构建 [J]. 中国人口·资源与环境, 2010 (8): 38-43.

[159] ANSELIN L. Spatial econometrics: methods and models [M]. The Netherlands: Kluwer academic publishers, Dordrecht, 1988.

[160] 杨开忠, 冯等田, 沈体雁. 空间计量经济学研究的最新进展 [J]. 开发研究, 2009, (2): 7-12.

[161] CLIFF A, ORD J K. Spatial autocorrelation [M]. London: Pion, 1973.

[162] PAELINCK J, KLAASSEN L. Spatial econometrics [M]. Farnborough: Saxon house, 1979.

[163] 孙洋. 空间 panel data 模型综述 2008 年数量经济学年会论文全集 [C]//第一

组． 计量经济学理论与方法． 北京： 清华大学， 2008．

[164] AKERLOF G． A social distance and social decisions［J］． Econometrical， 1997， （65）： 1005 – 1027．

[165] ANSELIN L， DANIEL A G． Do spatial effects really matter in regression analysis?［J］． Papers of the regional science association， 1988， 65 （1）： 11 – 34．

[166] 胡健， 焦兵． 空间计量经济学理论体系的解析及其展望［J］． 统计与信息论坛， 2012， 27 （1）： 3 – 8．

[167] SOKAL R R， ODEN N L O． Spatial autocorrelation in biology methodology［J］． Biological journal of the linnean society， 1978， 10： 199 – 228．

[168] 刘湘南， 黄方， 王平， 等． GIS 空间分析原理与方法［M］． 北京： 科学出版社， 2005．

[169] 吴玉鸣． 中国经济增长与收入分配差异的空间计量经济分析［M］． 北京： 经济科学出版社， 2005： 322 – 325．

[170] 孟斌， 王劲峰， 张文忠， 等． 基于空间分析方法的中国区域差异研究［J］． 地理科学， 2005， 25 （4）： 393 – 400．

[171] 田成诗， 盖美． 中国地区劳动生产率的空间统计分析［J］． 东北财经大学学报， 2004， （2）： 87 – 90．

[172] 吴玉鸣， 徐建华． 中国区域经济增长集聚的空间统计分析［J］． 地理科学， 2004， 24 （6）： 654 – 659．

[173] 梅志雄， 黄亮． 房地产价格分布的空间自相关分析——以东莞市为例［J］． 中国土地科学， 2008， 22 （2）： 49 – 54．

[174] ANSELIN L． Local indicators of spatial association-LISA［J］． Geographical analysis， 1995， 27 （2）： 93 – 115．

[175] 浅析空间自相关的内容和意义［EB/OL］． http://max.book118.com/html/2012/0815/2755716.shtm．

[176] 王磊， 段学军． 长江三角洲地区城市空间扩展研究［J］． 地理科学， 2010， （5）： 702 – 709．

[177] 王洋， 修春亮． 1990—2008 年中国区域经济格局时空演变［J］． 地理科学进展， 2011， （8）： 1037 – 1046．

[178] BALTAGI B． A companion to theoretical econometrics［M］． Oxford： Blackwell， 2001．

[179]《关于全面深入推进绿色交通发展的意见》的解读［EB/OL］．《中国公路》， 交通运输部政策研究室， 2018， http://www.Chinahighway.com/news/2018/1157658.php．

[180] 广东加快推广新能源汽车， 推动交通运输高质量发展［EB/OL］． 经济日报 – 中国经济网， 2018． http://www.ce.cn/xwzx/gnsz/gdxw/201805/25/t20180525_29243244.shtml．

[181] 广东：" 四个提升" 推进绿色公路建设［EB/OL］．《中国交通报》， 2017．

http://zizhan.mot.gov.cn/zhuantizhuanlan/qita/zoujinzgjtb/jinridianji/201706/t20170627_2227816.html.

［182］孙鹏，等. 中国大都市主体功能区规划的理论与实践——以上海市为例［D］. 上海：华东师范大学，2014.